NÜTZLICHE WINKE

FÜR

AUSWANDERER

NACH

BRASILIEN

HERAUSGEGEBEN AUF VERANLASSUNG UND UNTER MITWIRKUNG DER EINWANDERER-BERATUNGSSTELLE DER DEUTSCHEN KOLONIE IN RIO DE JANEIRO

VON

DR. H. HINDEN

2. VERBESSERTE AUFLAGE

L. FRIEDERICHSEN & CO., HAMBURG 1924

Druck von J. J. Augustin in Glückstadt und Hamburg.

INHALTSVERZEICHNIS.

VORWORT.

Dieses kleine Büchelchen, von Kennern[1]) des Landes auf Grund ihrer praktischen Erfahrungen besonders für Rio de Janeiro, die Hafen- und Hauptstadt Brasiliens geschrieben, sollte jeder Auswanderer aus Deutschland lesen, der Einwanderer in dieses Land werden will, und zwar deshalb,

weil Rio de Janeiro für die Meisten der erste brasilianische Hafen ist, in dem sie landen,

weil Rio de Janeiro die Hauptstadt der Bundes-Staaten Brasiliens ist,

weil Rio de Janeiro als Sitz der Bundesregierung die ausgiebigste Nachrichtenquelle für die Einwanderer in Brasilien ist,

weil Rio de Janeiro ein Ausgangspunkt für die eventuell kostenfreie Beförderung der Eingewanderten nach irgend einem anderen Punkte dieses Riesenlandes ist.

Die Schrift treibt keinerlei Reklame zu Gunsten irgend einer Einrichtung, sondern will vollkommen uneigennützig helfen, raten und Aufklärung geben, über möglichst Vieles, was dem in Brasilien unbekannten Deutschen, besonders dem weniger Bemittelten, von Bedeutung ist. In diesem Sinne erklären wir:

Alle nachfolgend gegebenen Auskünfte sind streng sachlich, nach bestem Wissen und Gewissen erteilt, aber ohne Gewähr.

Daher dürfen etwa dem Einwanderer entstehende Mißhelligkeiten — durch falsche Auffassung einer Auskunft oder durch inzwischen eingetretene Änderung der geschilderten Zustände oder aus irgend welchen anderen Gründen — keineswegs eine Klage gegen die Verbreiter dieser Schrift begründen.

Auch soll sich der aus Deutschland Auswandernde nicht einzig und allein auf sie verlassen, sondern die anderen angegebenen Auskunftsstellen benutzen, ehe er einen für seine Zukunft wichtigen Entschluß faßt.

Falls ihm dieses Buch — wie es unsere Absicht ist — zeitig genug vor der Abfahrt aus dem Vaterlande zugestellt wird, möge er sich, um seine Erkundigungen zu vervollständigen, vor allen Dingen wenden an:

---

[1]) Der Verfasser ist seit 18 Jahren in Brasilien ansässig.

Reichsstelle für das Auswanderungswesen, Berlin NW 40, Moltkestr. 5.

Gemeinnützige Öffentliche Auswanderer-Beratungsstellen in:

Hamburg, Catharinenstr. 33
Breslau, Springerstr. 5—9
Dresden, Friesengasse 6
Düsseldorf, Friedrichsplatz 2—4
Frankfurt a. M., Kaiserstr. 79
Leipzig, Friedrich Karl-Str. 22
München, Salvatorstr. 19
Stettin, Roßmarkt 4
Köln, Städt. Fürsorgeamt, Breitestr. 78.

Deutsches Auslands-Institut, Stuttgart.

Auskunftsabteilung der Vereinigung für deutsche Siedlung und Wanderung und des Vereins für das Deutschtum im Ausland, Berlin W 30, Motzstr, 22 II.

Evangelischer Hauptverein für Deutsche Ansiedler und Auswanderer, Witzenhausen a. d. Werra.

Hanseatische Kolonisationsgesellschaft, Hamburg, Neue Gröningerstr. 19.

Verein für das Deutschtum im Ausland, Hamburg, Neuer Wall 72.

Evang. lutherische Auswanderermission, Hamburg, Behnstr. 14.

St. Raphaelsverein zum Schutze deutscher katholischer Auswanderer, Hamburg, Besenbinderhof 28.

Evangelische Gesellschaft für die Protestantischen Deutschen in Südamerika, Elberfeld, Augustastr. 151.

Auf keinen Fall aber mangelt es dem umsichtigen Auswanderer aus Deutschland an guten Ratgebern. — Wer sich über Brasilien näher unterrichten will, findet in den nachstehenden Büchern gute Aufschlüsse: Dr. Bernhardt Brandt, Südamerika (Breslau 1923), Dr. Bernhardt Brandt, Kulturgeographie von Brasilien (Stuttgart 1922), Reichswanderungsamt, Brasilien (Heft 3 der Auskunfthefte für deutsche Auswanderer, Berlin 2. Aufl. 1924), H. J. Reimers, Reiseführer von Europa nach Brasilien (Hamburg 1914), Max Schindler, Brasilien, Ein Wegweiser zur Bearbeitung des brasilianischen Urwaldes, Lebensführung und Erwerb im Urwald (Hamburg), Heinrich Schüler, Brasilien, ein Land der Zukunft (Stuttgart 1924), Karl Schueler, Brasilien, Seine Bedeutung für Auswanderer, Exporteure, Kapitalisten (Berlin 1921), Gustav Stutzer, Der deutsche Ansiedler in Süd-Brasilien (Braunschweig 1924),

Dr. H. Hinden, Deutsche und deutscher Handel in Rio de Janeiro (zu beziehen von der Gesellschaft Germania, Rio de Janeiro). In Neubearbeitung befindet sich zur Zeit: A. Bieler, Brasilien (Auslandswegweiser Band IV, Hamburg).

Über „die hanseatischen Kolonien im Staate Santa Catharina" hat die Hanseatische Kolonisationsgesellschaft eine kleine Broschüre mit 14 Abb. (Hamburg 1923) herausgegeben.

An Karten über Brasilien sind zu empfehlen: Flemming's Generalkarte über Brasilien (1 : 7 500 000 Berlin 1924) und die in 50 Blättern erschienene und vom Ingenieur-Klub in Rio de Janeiro herausgegebene Carta do Brasil. Übersichtsblatt auf Wunsch. In Neubearbeitung befindet sich: Dr. R. Jannasch, Spezialkarte von Santa Catharina, Rio Grande do Sul und Uruguay (Hamburg).

Über allgemeine tropische Verhältnisse gibt Prof. Dr. Karl Sapper, Natur- und Lebensbedingungen in tropischen und tropennahen Gebieten, ein praktischer Ratgeber (Auslandswegweiser Band 3, Hamburg 1920) gute und zuverlässige Auskunft.

Die meisten dieser Schriften haben übrigens eine gewisse Tendenz, die der Leser herausfinden muß, um den Inhalt richtig abzuschätzen.

Im April 1924.

AUSSICHTEN DES AUSWANDERERS NACH BRASILIEN.

Allgemeines.

Jeder deutsche Einwanderer in Brasilien findet sein Brot, wenn er

gesund ist und etwas versteht,
tüchtig arbeiten kann und will,
bei unerwarteten Schwierigkeiten nicht gleich klagt oder verzweifelt,
im Anfange bescheidene Ansprüche stellt.

Solche brauchen sich auch über ihr weiteres Fortkommen keine Sorge zu machen.

Es wird manchem eher als in Deutschland möglich sein, Wohlstand und Unabhängigkeit zu erlangen.

Erlernung der Landessprache.

Wer sich, bei solchen Eigenschaften noch mit Erfolg bemüht, möglichst bald die Landessprache gründlich zu erlernen, verdoppelt seine Aussichten und vermindert viele sonst unvermeidlichen Mißhelligkeiten, die fast immer mit geldlichem Schaden einhergehen.

Kein Auswanderer, der es ernst nimmt mit seiner Zukunft, darf unterlassen, sich gründliche Kenntnisse der Landessprache vor der Ankunft in Brasilien anzueignen.

Zur Erlernung der Sprache empfehlen wir neben andern folgende Werke zum Selbstunterricht: Meyers Sprachführer (als Einführung), Ph. Anstett: Portugiesische Grammatik nebst Schlüssel (vierte Auflage, Leipzig 1921), „Metoula" Portugiesischer Sprachführer für Deutsche, G Eilers, O. Brazileiro. Lehr- u. Lesebuch der portugiesischen Sprache mit Berücksichtigung Brasiliens (Heidelberg 1915)

Schwierigkeiten für verschiedene Berufe.

Wer sicher ist, die oben genannten Eigenschaften nicht zu haben, soll fern bleiben, sonst wird er nur Enttäuschungen erleben, und Brasilien bald wieder — vielleicht in Not und Elend — verlassen.

Es ist für die in Brasilien einwandernden Deutschen sicherlich kein Vorteil, daß infolge des Krieges aus der Heimat viele ausgewandert sind und noch auswandern, die für dieses Land nicht den geeigneten Beruf erlernt haben.

Die Bedingungen für solche ändern sich gewiß fortwährend und was heute gilt, gilt morgen nicht mehr im gleichen Maße. Unter diesem Vorbehalt sei eine Statistik der deutschen Beratungsstelle für Einwanderer und Stellenvermittlung in Rio de Janeiro hier gegeben. Sie gibt an, wieviele von 100 nachgewiesenen Stellen (die meisten für Neuangekommene, aber nicht alle) sich verteilen:

in den Jahren	1921	1922	1923
auf: Handel	4	2,5	3
Handwerk, Industrie / Hoch und Tiefbau	20	28	34
Hausdienst	40	53	44
Verschiedene	12	12	19 (Verschiedene und Landwirtschaft zusammen)
(Landwirtschaft)	24	4,5	

Man wird daraus entnehmen können, daß der deutsche Hausangestellte (Dienstmädchen, Diener, Erzieherin usw.) am meisten Aussicht hatte. — Die Gesamtzahl der während obiger drei Jahre in Rio de Janeiro nachgewiesenen Stellen betrug ungefähr 2500.

Für solche, die über Mittel verfügen und für ihren Beruf die wenigen großen Städte Brasiliens brauchen, möge gesagt sein, daß, wer bei dem heutigen Stande des brasilianischen Geldes (1 Goldmark ungefähr 2 Milreis) etwa ein Jahr zur Beschäftigungssuche auf eigene Kosten aushalten will, reichlich zweitausend Goldmark für sich allein mitbringen muß und damit kaum so lebt, wie vor dem Kriege der deutsche Mittelstand, von Neuanschaffungen während dieser Zeit nicht zu reden.

Wer sich hierfür interessiert, beobachte sorgfältig den Kursstand des Milreis, der augenblicklich ein niedriger ist und vor dem Kriege 2—3 mal so hoch war.

Dies bezieht sich, wie gesagt auf das Leben in größern brasilianischen Städten, welches am teuersten ist, aber man darf nicht vergessen: wer in Deutschland *städtisches* Leben gewohnt ist, wem es zur zweiten Natur geworden ist, — der hält das *bedeutend* billigere brasilianische Landleben nur bei besonderer Veranlagung oder zielbewußter Energie länger aus.

Kein Deutscher, der Brasilien kennt, kann daher mit gutem Gewissen einer *Massen*auswanderung nach hier von deutschen Fabrikarbeitern, Beamten, Studierten, Offizieren und ähnlichen Berufen, das Wort reden, es sei denn, daß die Betreffenden für einen vorher abgemachten Zweck kommen, Beziehungen haben, oder Landbau treiben wollen und können.

Rat in den Landbau zu gehen.

Auf sonstige Zuwanderung als für den Landbau ist Brasilien nicht eingestellt. Es bietet zu wenig geeigneten Boden dafür. Zwar hat sich die heimische Industrie infolge des niedrigen Kursstandes und Unterstützung der Regierung durch hohe Zölle ziemlich entwickelt, fast zu schnell für das Land, so daß ein Rückschlag nicht ausgeschlossen ist, insbesondere, wenn der augenblickliche Geldwert (April 1924) der sehr niedrig ist, sich heben sollte.

Der begehrte und entwickelungsfähige Reichtum des Landes ist aber immer noch und für lange Zeit die Ausfuhr landwirtschaftlicher Erzeugnisse. Wenn man bedenkt, daß die Bevölkerungsdichte Brasiliens nur drei Prozent derjenigen Deutschlands beträgt, kann man sich eine Vorstellung davon machen, wieviel Land dort unverwertet liegt. Es kann aber nur verwertet werden durch Menschenhände, also können noch Millionen kommen, wenn sie sich hierfür eignen. In letzterem liegt aber die Schwierigkeit, sowohl Brasiliens, wie der Einwanderer.

Die Industrie kann an nennenswerte Ausfuhr nicht denken, mit andern Worten, auch nicht an größere Entwicklung.

Deshalb sollten sich andere Einwanderer — wenn sie einmal durchaus kommen wollen — damit vertraut machen, u. U. den harten Beruf eines Landwirtes oder Lohnarbeiters auf dem Lande auszuüben. Darüber muß ein Jeder gründlich nachdenken, vor dem Entschluß, die alte Heimat zu verlassen, damit er nicht aufs Ungewisse hinaus nur den Kreis der „Unerwünschten" in Brasilien vermehrt.

Regierungsseitig — das sei bemerkt — wird in Brasilien nur der Landmann als Einwanderer unterstützt.

Es ist kaum anzunehmen, daß „Ackerbauer" von Beruf zu einer Zeit aus dem Deutschen Reiche auswandern wollen, wo die Lebensmittelnot und die Lebensmittelpreise den Beruf des deutschen Bauers notwendiger und gewinnbringender machen, als je zuvor.

Aber vielleicht finden sich doch einige, wenn nicht aus Deutschland, so aus Österreich ein.

Viele jedoch aus anderen Berufen, werden zum Ackerbau in Brasilien übergehen wollen, oder müssen.

Aussichten für Landwirte.

In Deutschland hat ein Junggeselle im allgemeinen mehr Aussicht auf Vorwärtskommen; in Brasilien dagegen hat der eingewanderte Landwirt dann die beste Aussicht und Unterstützung der Behörden, wenn er mit Familie anlangt. Dies kommt, wie man leicht verstehen wird, daher, daß die Ansiedelung von Familien größere Beständigkeit für die betr. Kolonie bedeutet, als die von schneller beweglichen Junggesellen, die erfahrungsgemäß selten lange das Alleinbleiben aushalten. Dem Familienvater wenden daher die Regierungen in erster Linie ihre Vergünstigungen zu. Er kann auf Kredit Boden erwerben und dadurch sofort selbständig werden.

Nicht ganz so vorteilhaft steht der unverheiratete Landwirt. Nur im Falle er wenigstens etwas flüssiges Geld hat, kann er Land kaufen. Bei Mittellosigkeit, findet er jedoch auch ein Feld für seine Tätigkeit, wenn er im Anfange als Lohnarbeiter auf irgend ein Landgut geht. Wer einen hellen Kopf hat, wird diese erste Zeit zur kostenlosen Erlernung der fremden Kulturen, der Landesverhältnisse und der Landesprache benutzen. Damit legt er den soliden Grundstein für sein späteres schnelleres Vorwärtskommen.

Sowohl der verheiratete wie der unverheiratete Landwirt müssen aber damit rechnen, daß sie in der ersten Zeit vieles zu leiden haben, um so mehr, je weniger sie die Sprache kennen und sich in die so gänzlich unbekannten Zustände des Landes, sowie in das Seelenleben seiner Bewohner hineinfinden können.

Aussichten für Industrie-Arbeiter.

Industriearbeiter haben in Brasilien heute zwar mehr als früher, aber doch immer nur beschränkte Aussicht, in ihrem Berufe unterzukommen. Auch ihr Rettungsanker muß sein, sich eventuell aufs Land zu begeben. In diesem Falle sollten sie, auch wenn sie Geld haben, im Anfange die Verdingung dem Ankauf von eigenem Land vorziehen, damit sie das neue Leben und den neuen Beruf erst kennen lernen, bis sie wissen, ob er ihnen paßt.

Es wird ihnen ohne Zweifel sehr, sehr schwer fallen und wer deshalb fürchtet, sich nicht dafür zu eignen, kann mit den deutschen Stellenvermittlungen in Verbindung bleiben, um bei Gelegenheit in seinen eigentlichen Beruf wieder zurückzukehren.

Ihnen wie den anderen Zuwandernden raten wir immer wieder, jede freie Spanne Zeit zur Erlernung der Landessprache zu benutzen. Mit der Kenntnis der Sprache werden ihnen zahlreiche brasilianische Betriebe erschlossen und ihre

Aussichten mehren sich unverhältnismäßig, da der deutsche Arbeiter an sich in Brasilien sehr geschätzt ist.

Immerhin sollen Industriearbeiter, wenn sie in großer Zahl kommen, ihre Zukunft danach beurteilen, daß in diesem Lande nur eine fünftel Million Menschen in Fabriken tätig ist, dagegen in Deutschland acht Millionen. Nur wenige können also unterkommen, trotzdem sich die brasilianische National-Industrie im Kriege gegen früher, gehoben hat, und sich noch weiter ausdehnen wird. Besonders sind folgende Fabrikationen aufgenommen worden:

Strumpf-, Woll-, Seiden-, Leder-, Kurz-, Kleineisen-, Glas-, Töpferei- und Korbwaren, sowie graphische, Papier- und Maschinen-Industrie.

Eine der ältesten und heute die wichtigste Industrie Brasiliens ist die Baumwollweberei. Englische Kapitalisten und englische Meister usw. spielen darin eine Rolle. Von einiger Bedeutung sind auch die Fabrikation von Streichhölzern, Tabak Schuhen, Hüten, sowie Genuß- und Lebensmittel-Industrien (Getränke, insbesondere Bier, Milch, Käse, Mühlen, Zucker, sowie maschinelle Bearbeitung von Kaffee, Baumwolle usw.) sowie pharmazeutische Laboratorien.

Die Schlachthaus- und Konserven-Industrie hat sich während des Krieges bedeutend entwickelt, besonders in Mittel- und Süd-Brasilien.

Die Lohnverhältnisse in der brasilianischen Industrie sind gut für tüchtige Berufs-Arbeiter, aber je nach der Gegend natürlich verschieden. In den großen Städten können solche heute sechs bis zwölf Milreis[1]) täglich verdienen und haben die besten Aussichten für späteres Vorwärtskommen. Wichtig dafür ist, daß sie die nachfolgend gegebenen Ratschläge zum Verkehr mit Brasilianern beachten, und sich bemühen, portugiesisch zu erlernen.

Wem es gelingt in der brasilianischen Industrie unterzukommen, wird in vielen Fällen an Leistungsfähigkeit seine Mitarbeiter übertreffen, denn die deutsche Vorbildung durch Elementar- und Fachschulen ist unübertroffen in der Welt.

Er wird aber beim Zusammenarbeiten mit Portugiesen und Italienern vielleicht bemerken, daß diese, durch ihre größere Anspruchslosigkeit an die Lebensführung einen Vorsprung haben, der in Brasilien nicht zu verachten ist.

Dem Industriearbeiter in ganz Brasilien steht seit dem Jahre 1919 ein wichtiges Gesetz zur Seite, das ihn gegen die geldlichen Folgen dienstlicher Unfälle weitgehend schützt. — Eine Übersetzung desselben ins Deutsche würde hier zu

---

[1]) in Rio bis 15 Milreis heute (April 1924).

weit führen. Es genüge daher der Hinweis. — Sobald der Neuling die Landessprache lesen kann, möge er sich das Gesetz gründlich ansehen.

Aussichten für Handwerker.

Handwerker, haben wenn sie gute und selbständige Arbeiter sind, im Anfange sehr bescheidene Ansprüche stellen, sich den Landessitten anpassen und die Sprache erlernen, in vielen Gegenden Brasiliens Aussicht ihr Brot zu verdienen, und schnell selbständig, ja wohlhabend zu werden.

Aussichten für Dienstboten.

Gute deutsche Dienstboten finden in Brasilien, besonders in den großen Städten z. Zt. immer Stellung, zu Bedingungen, welche gegenüber denen in Deutschland sehr viel vorteilhafter sind (fünfzig bis hundert Milreis monatlich). Aber die Gefahren für Gesundheit und Moral sind auch größer als zu Hause, und nicht jeder gewöhnt sich leicht an die so verschiedenen Lebensgewohnheiten.

PERSÖNLICHES FÜR AUSWANDERER NACH BRASILIEN.

Der Auswanderer wird im allgemeinen schon gehört haben, daß die Seereise in der dritten Klasse (Zwischendeck) — denn diese kommt für die meisten allein in Frage — kein Vergnügen ist, am allerwenigsten auf nichtdeutschen Schiffen, denn die deutschen Reedereien haben das menschenmögliche getan, um ihren Landsleuten die Überfahrt erträglich zu machen. Immerhin muß sich der Auswanderer auf Schwierigkeiten, Ärger und Seekrankheit gefaßt machen und wird froh sein, wenn die Küste Brasiliens in Sicht kommt. Bei dem Übergang in das neue Klima soll auch der Widerstandsfähigste sein Augenmerk auf die Erhaltung der Gesundheit richten und nicht unbedenklich darauf los leben[1]). Gibt er im Anfange Acht, so wird es ihm später eine Selbstverständlichkeit werden, auf manches zu merken, das ihm in Deutschland keinerlei Kopfzerbrechen machte. So soll er die Funktion seiner Eingeweide beobachten, Verstopfung vor allen Dingen nicht aufkommen lassen und dagegen mit leichten Abführmitteln angehen. Damit ist schon sehr viel, oft alles gewonnen!

[1]) Die Mitnahme des „Gesundheitlichen Ratgeber für Auswanderer" zusammengestellt vom Institut für Schiffs- und Tropenkrankheiten zu Hamburg (Auslandswegweiser Band 2, Hamburg 1920) ist zu empfehlen.

Mäßigkeit im Genusse aller Reizmittel, Alkohol, Nikotin, Koffëin sichern ihm die normale Tätigkeit von Herz, Leber und Nieren, wozu auch Vermeidung übertriebenen Fleischgenusses beiträgt.

Alles dieses gleich im Anfange zu beobachten, ist besonders wichtig in gewissen Teilen Brasiliens, etwa von São-Paulo an nach dem heißen Norden zu. Nur außergewöhnlich kräftige Menschen halten selbst in den heißesten Regionen längere Zeit aus, ohne sich daran zu kehren. Aber nach einer gewissen Zeit zeigen sich auch bei ihnen unweigerlich die Folgen: Wechselfieber, Zucker-, Leber- und Herzkrankheiten.

Im Süden, wo sich das Klima mehr dem unseren nähert, ist besondere Vorsicht weniger nötig. Immerhin brennt auch dort die Sonne längere Zeit im Jahre und durchweg intensiver als in Deutschland. Gegen Sonnenstich ist die bekannte Vorsicht insbesondere Kopfbedeckung am Platze.

Von auffallend hervortretenden Krankheiten ansteckender Natur, kann man in den meisten Einwanderergebieten Brasiliens nicht reden. Das früher in Rio grassierende gelbe Fieber ist nicht mehr vorhanden. Nur im Norden, vom Staate Bahia an, kommt es hier und da noch vor. Tuberkulose und Eingeweideerkrankungen fordern die meisten Opfer. Dagegen schützt das oben gesagte, sowie die Beachtung eines Nachtlagers, zu dem frische Luft Zutritt hat.

Venerische Krankheiten sind infolge Klimas und geringem, u. U. garnicht vorhandenem Verständnisse der einzelnen für Hygiene, mehr vorhanden und übertragbar als in Europa. Da ist eine einfache vernunftgemäße Vorsicht sehr am Platze und im Falle, sofortige ärztliche Behandlung notwendig.

Wenn, wie gesagt, das Verständnis des einzelnen für Hygiene gering ist im brasilianischen Landleben, so hat andererseits die Regierung in den Städten eine geradezu erstaunliche Propaganda zur Aufklärung über ansteckende Krankheiten organisiert, durch Anschlagzettel, die man allenthalben findet, durch Zeitungsartikel und Vorträge, und hat dadurch ohne Zweifel sehr viel Gutes getan.

Fieber aller Art — sehr oft ohne Bedeutung und kurzer Dauer, fast unerklärlich — kommen viel vor. Unangenehm und langdauernd ist Wechselfieber, das nicht selten durch Körperschwächung infolge langdauernder ungesunder Lebensweise ausgelöst wird.

Über Bisse giftiger Tiere zu schreiben, würde zu weit führen. Ihre Tatsache ist nicht abzuleugnen, wird aber meistens übertrieben. Man kann sicher sein, daß auch die giftigste Schlange niemals von selber angreift. Nur in vermeintlicher oder wirklicher Selbstverteidigung beißt sie zu und ein genügendes

Mittel dagegen ist das Tragen hoher Stiefel oder Gamaschen, da erfahrungsgemäß keine Schlange höher angreifen kann, wenn sie nicht gerade infolge der Terrainverhältnisse höher liegt. In Erdlöcher unbedacht mit der Hand hineinzugreifen, soll man sich natürlich hüten. Über andere Gesundheitsstörungen in Brasilien zu berichten, hat an dieser Stelle keinen Zweck, weil solche mit der Gegend zu sehr wechseln.

Die Plage der Insekten aller Art, besonders der Mücken, aber auch der Flöhe, Zecken, Wanzen usw. ist je nach dem Orte sehr verschieden; an manchen Ort schlimm, an andern kaum vorhanden und durch Sauberkeit fast immer zu mindern oder zu unterdrücken.

Die Ausrüstung des Auswanderers braucht fürs erste nicht besonderer Art zu sein, es sei denn, daß ihm die Kosten keine Rolle spielen. Es empfiehlt sich Beinkleider mit Gürtel zu tragen, da Hosenträger in der Hitze unbequem werden. Natürlich ist dünner Baumwollstoff angenehmer in der Hitze als anderer. Aber mit Rock und Hose von Wollstoff, Hemd und Gürtel kann man auch warmen Tagen standhalten, zumal man bei der Arbeit den Rock ablegt, nicht nur auf dem Lande, sondern auch in den feinsten Kontoren Rio de Janeiros. Hüte sind in den Städten nicht von europäischen verschieden. Auf dem Lande sieht man hier und da breitrandige Kopfbedeckungen, aber auch nicht allzuviel und zwar am meisten einfache, billige, weiche Filzhüte. Wer im Urwalde zu tun hat, kann solche kaum entbehren, weil sie im Gebüsch nicht so leicht vom Kopfe gerissen werden.

Wer warme Winterkleider hat, soll auch diese getrost mitbringen, denn in den Siedlungsgebieten im Süden des Landes, wohin die meisten gehen, (auch in S. Paulo schon) geht die Kälte hier und da auf 2—4 Grad Celsius herunter. Warme Kleider sind dann um so wertvoller, als es keinerlei Heizvorrichtung in den Häusern gibt.

Nicht zu vergessen: Handwerker sollen sich soviel Werkzeuge mitbringen als möglich. Ihre Einfuhr ist zollfrei und wenn sie auch in Deutschland teuer erscheinen sollten, hier in Brasilien kosten sie durchweg doppelt soviel.

Begleiten wir nunmehr den „Auswanderer aus Deutschland“ in dem Augenblick, wo er „Einwanderer in Brasilien“ wird.

ANKUNFT IN RIO DE JANEIRO.

Brasilianischer Dolmetscher.

Bald nachdem das Schiff, welches die Einwanderer bringt, in den an Naturschönheiten so reichen Hafen von Rio de Janeiro eingelaufen ist, wird es zu allererst von den brasilianischen Behörden — Hafenpolizei, Zoll- und Gesundheitsamt — untersucht. Mit der Hafenpolizei zugleich, soll nach Regierungsvorschrift der Dolmetscher, (brasilianisch „interprete") des brasilianischen Einwanderungsamtes das Schiff betreten.

Der Einwanderer tut gut, sich schon vorher beim Obersteward des Dampfers zu erkundigen, wo dieser Mann zu treffen ist. Ist die Zahl der Ankömmlinge erheblich, so kann der Dolmetscher unmöglich mit jedem Einzelnen sprechen. Dann sollten die einwandernden Deutschen so vernünftig sein, für Gruppen von zwanzig oder mehr Personen, einen Sprecher auszuwählen, der beim Dolmetscher die gewünschte Auskunft für die ganze Gruppe holt. — Auf diese Weise kommen sie schnell zum Ziel. —

Es ist dabei von Vorteil wenn die Einwanderer, mindestens aber die Sprecher, den Inhalt dieser Schrift kennen. Dann werden sie nicht viel unnötige oder gar sinnlose Fragen stellen.

Der Dolmetscher ist von der brasilianischen Regierung beauftragt, zuerst die Personalpapiere zu prüfen, dann den Einwanderern vom Tage der Ankunft an, zur Seite zu stehen.

Herberge und Einwanderungs-Amt.

Insbesondere wird er kostenlosen Aufenthalt anbieten auf der Blumen-Insel (Ilha das flores), die fünfzig Minuten Motorbootsfahrt, vom Dampfer aus, entfernt ist.

In den gut eingerichteten Räumen dieser Insel waren während des Krieges an siebenhundert deutsche Seeleute interniert, und haben sich verhältnismäßig wohl befunden. Darnach zu urteilen, wird es der sich ordentlich und bescheiden verhaltende Einwanderer dort für die kurze Übergangszeit ebenfalls aushalten können.

Jeder Einwanderer, der nicht sonstige Beziehungen in Rio de Janeiro hat, sollte froh und dankbar sein, dieses Angebot der Regierung anzunehmen. Es gibt ihm auf alle Fälle ein paar Tage kostenlose Zeit, sein weiteres Schicksal ins Auge zu fassen.

Ist er, oder eine Person seiner Familie erkrankt, so hat er sogar vollständig „freie" Verpflegung mit ärztlicher Behandlung in dem Hospital der Blumen-Insel. Die vorzügliche

Lage der Insel, die frische Seeluft, und nach Bedarf die Seebäder, sind geeignet, die Gesundheit der Kranken bald wieder herzustellen. So kann man sagen, daß die Einwanderer-Herberge auf der Insel eine wahrhaft menschenfreundliche Einrichtung ist.

Das brasilianische Amt, dessen Büro (Intendencia de Immigracão) sich in der Nähe der Anlegestelle des Dampfers befindet, schickt einige Stunden nach der Ankunft, oder wenn es abends ist, erst am andern Morgen ein Motorboot, eventl. mit Leichter, zum Schiffe. Diese nehmen die Fremden auf und befördern sie nach der genannten Insel.

Gepäckbehandlung.

Kleines Handgepäck kann bei dieser Gelegenheit mitgenommen werden. Das übrige Gepäck unterliegt der Zolldurchsicht. Bei einer großen Anzahl Angekommener wird es mit nach der Insel geschafft, und dortselbst, am anderen Tage, nachgesehen und den Besitzern zurückgegeben. Bei geringer Zahl bleibt es am Quai im Zollhause. In diesem Falle werden die Einwanderer am nächsten Tage wieder von der Insel zurückbefördert, um der Durchsicht beizuwohnen, und das Gepäck danach zur Blumeninsel mitzunehmen.

Nähere Auskunft auch hierüber gibt der Dolmetscher, dessen Begleitung die Leute auch bei Gängen durch die Stadt haben können, wenn sie in größeren Gruppen zusammen bleiben und am Abend vorher darum bitten.

Der Einwanderer soll sich im übrigen nicht wundern oder gar aufregen, wenn seine Ankunft nicht genau so vorgeht, wie oben geschildert wurde. In Brasilien kann das Beamtenwesen aus vielen Gründen nicht so sein, wie man es in Deutschland gewohnt war. Wer deshalb gleich klagen wollte, weil er es nicht so bekommt, wie erwartet, der eignet sich wenig für dieses Land. Im großen Ganzen tun die Beamten ihre Pflicht und sind ruhigen und vernünftigen Vorstellungen zugänglich. Sie sind durchweg freundlich, ja herzlich und hilfsbereit, (viel mehr als bei uns) wenn sie in einer herzlichen und vertraulichen Weise angeredet werden. Sie haben wenigstens in Rio sehr viel Sinn für Humor.

Bestimmungsort.

Der Aufenthalt auf der Blumeninsel wird höchstens acht Tage gestattet. — Die Einwanderer werden sich daher schleunigst nach einem Bestimmungsort umsehen, falls sie nicht von vornherein einen solchen gewählt haben. Sie müssen also Erkundigungen einziehen.

Zu diesem Zweck haben sie von der Blumeninsel aus, täglich bis zur Dunkelheit, freie Fahrt hin und her zur „Intendencia dos Immigrantes".

Das Gebäude dieser Intendencia liegt sehr nahe dem Stadtzentrum. Mit nur wenigen Schritten erreicht man die schnurgerade Hauptstraße Rio de Janeiros, welche den Namen „Avenida Rio Branco" führt, aber meistens „Avenida Central" oder nur „Avenida" genannt wird.

Von der Avenida aus führen nach rechts und links Querstraßen, in denen sich das geschäftliche Leben der ganzen Stadt hauptsächlich abspielt.

Will der neu Angekommene allein gehen, so braucht er sich nur vom Gebäude der Intendencia aus, das Ende der Avenida zeigen zu lassen, die er dann leicht in zwanzig Minuten durchschreiten kann.

Es ist für den Neuling gar nicht so schwer, sich auch ohne Begleitung in diesem Sammelpunkt des geschäftlichen Lebens der brasilianischen Hauptstadt zurecht und den Weg zur Intendencia wieder zurück zu finden.

Will er z. B. Geld umwechseln, so findet er in der siebenten Querstraße nach links — rua da Alfandega — zwei deutsche Banken, eine weitere, und zwar die älteste, in der ersten Querstraße von dieser — rua da Quitanda. Die Banken heißen:

Brasilianische Bank für Deutschland, rua da Quitanda Nr. 131.

Banco Germanico da America do Sul, rua da Alfandega Nr. 1.

Banco Allemão Transatlantio, rua da Alfandega Nr. 11.

In diesen Banken sind, neben Brasilianern, deutsche Beamte tätig, an die er sich wenden kann.

Deutsche Beratungsstelle.

Für weitere Auskünfte hat die deutsche Kolonie von Rio de Janeiro dem deutschen „Hilfsverein" die

Beratungsstelle für Einwanderer

angegliedert, deren Büro sich in der rua Theophilo Ottoni No. 89/I, befindet (4. Querstraße).

Sie hat nicht etwa den Zweck, Geldunterstützungen zu gewähren, sondern soll dem ankommenden Deutschen durch ihre Kenntnis des Landes, durch ihre Verbindung mit deutschen Beratungsstellen an anderen brasilianischen Orten, sowie durch ihre Einrichtung für Stellenvermittlung und Unterkunft von Nutzen sein.

Ein Vertreter dieser Beratungsstelle wird — in gleicher Weise wie der brasilianische Dolmetscher — den Einwanderern meistens bei der Landung zur Verfügung stehen, entweder an Bord, oder am Quai nahe der Schiffstreppe, um Auskunft zu geben, wo diejenige des Regierungsvertreters nicht genügt.

Die deutsche Beratungsstelle wird, soweit Platz vorhanden, solchen Deutschen Unterkunft — gegen geringes Entgelt, unter Umständen kostenlos — verschaffen, die, ohne ihre Schuld, innerhalb der acht Tage auf der Blumeninsel keinen Bestimmungsort fanden.

Zu diesem Zwecke stehen der Beratungsstelle zur Verfügung:

„Das deutsche Frauenheim", rua Barão de Petropolis 120, Telef. Villa 449. Chalet Nr. 3, weiter:

„Das deutsche Heim", rua caixa d'agua Nr. 25 und:

„Das österreichische Heim", rua das Prazeres 282.

Diese Einrichtungen sind eigentlich für in Brasilien länger anwesende, notleidende Deutsche gegründet worden, und stehen daher diesen vorzugsweise zur Verfügung.

Wer die Kirche besuchen will, findet außer den zahlreichen katholischen Gotteshäusern auch die protestantische der deutschen Gemeinde, über deren Lage und Dienst die Beratungsstelle Auskunft geben wird.

Diese Auskunft, wie vielleicht andere ähnliche, kann eventuell von der Intendencia aus telefonisch (mit Hilfe des Dolmetschers) eingeholt werden.

Die Telefon-Nummer der Beratungsstelle ist: Norte 5063.

KURZE NOTIZEN ÜBER DAS LAND „BRASILIEN".

Allgemeines.

Der Bundesstaat Brasilien wird — ähnlich wie Deutschland nach dem Kriege — republikanisch regiert. Geradeso wie dieses, besteht er aus einer Reihe von Ländern, die ihrerseits republikanisch eingerichtet sind und unter der Oberhoheit der Bundesregierung in Rio de Janeiro stehen. Auch die Anzahl der einzelnen Staaten ist, wie in Deutschland, erheblich, (über zwanzig).

Im Übrigen ist aber Brasilien grundverschieden von unserem deutschen Vaterlande.

Schon das heiße Klima im Norden, auch das gemäßigte im Süden, bedingt eine andere, man kann sagen, leichtere Lebensweise. Dicke Wollanzüge, Zimmeröfen und Pelzmäntel braucht man höchstens — und nicht einmal jedes Jahr — im äußersten Süden des Landes, während des kurzen Winters, der in die Jahreszeit des deutschen Sommers fällt.

Bezüglich des Klimas ist die Höhenlage über dem Meeresspiegel sehr wichtig und zwar überall in Brasilien. Ein Beispiel dafür sind Rio de Janeiro und das nur 60 Kilometer davon entfernte, aber ca. 800 m hochliegende, als Erholungsort für Wohlhabende geltende, Städtchen Petropolis. Während sich in Rio zur heißen Zeit die Nächte kaum abkühlen, sind sie dort stets frisch. Wenn in Rio infolge ausnahmsweiser Kälte die niedrigste Jahrestemperatur einmal 10° über Null erreicht, geht sie in Petropolis auf etwa 0° herunter. Dagegen ist die Hitze um die mittlere Tageszeit in beiden Städten dieselbe, wirkt aber in Petropolis bei weitem nicht so erschlaffend.

Ein gewaltiger Unterschied zwischen Deutschland und Brasilien besteht auch in der Bevölkerungszahl und im Flächenraum.

Brasilien besitzt ein Gebiet, fünfzehn mal so groß als Deutschland, fast so groß wie ganz Europa.

In diesem ungeheuren Lande wohnt dagegen, an Zahl, weit weniger als die Hälfte der Einwohner Deutschlands. Ein großer Teil dieser Leute stammt von ganz verschiedenen Nationen, die meisten aber von Portugiesen ab, die bekanntlich das Land vor mehreren hundert Jahren einnahmen und bis 1822 als Kolonie beherrschten.

In den letzten hundert Jahren wanderten, der Zahl nach, am meisten Italiener, dann Portugiesen und Spanier ein, dann erst kommen wir Deutsche. Da die deutsche Einwanderung aber älter ist, als die andere — ausgenommen natürlich die Portugiesen — so spielen die Deutschen infolge ihrer zahlreichen Abkömmlinge, aber auch, infolge ihrer von allen sachlich denkenden Brasilianern anerkannten Leistungen in Handel und Kolonisation, eine größere Rolle, selbst als die Italiener. Diese herrschen nur im Staate S. Paulo vor.

Der Weltkrieg hat übrigens an dem persönlichen Verhältnis zwischen Brasilianern und uns wenig geändert, manches sogar verbessert.

Während des Krieges hatten allerdings die Deutschen im Süden, wo sie am zahlreichsten sind, mehr zu leiden, als in Mittel- und Nord-Brasilien, wo sie persönlich fast gar nicht behelligt wurden. Der beste Beweis für letzteres ist, daß in der Bundeshauptstadt, durch die ganze Kriegszeit hindurch, nicht einmal die deutsche Schule zu schließen brauchte.

Im Süden wurden dagegen nicht nur hier und da deutsche Häuser zerstört, sondern auch auf Gebot der Staatsregierung deutsche Schulen geschlossen, und das Deutsch-Sprechen untersagt.

Aber trotzdem ist kein Fall bekannt geworden, wo Leib und Leben von Deutschen gefährdet, oder Deutsche aus politischen Gründen umgebracht worden sind.

Im Großen und Ganzen genommen hat der Deutsche im damals feindlichen Brasilien für sich ruhig und sicher gelebt, wenn auch vielfach ohne Möglichkeit, seinem gewohnten Verdienste nachzugehen, infolge der tiefgehenden Wirkung der sogenannten „schwarzen Liste" der Alliierten.

Der Einwanderer aus Deutschland hat also hierzulande keinerlei feindliche Stimmung gegen seine Person zu erwarten, wenn er sie nicht durch sein persönliches Verhalten hervorruft (siehe Seite 31, Verkehr mit Brasilianern). Andererseits ist die geringe Bevölkerungsdichte Brasiliens für ihn die Ursache mancher ungewohnter Lebensbedingungen. An einige davon wird er sich nur schwer gewöhnen können, nicht weniges wird er aber auch als Stütze für sein gutes Fortkommen empfinden. Er braucht zum Beispiel den Wettbewerb seinesgleichen in Brasilien wenig zu befürchten, wenn er sich als Landwirt niederläßt.

Brasilien hat noch Platz und Bedarf für viele Millionen solcher Einwanderer.

Nun einige Worte über die zumeist interessierenden Einzelstaaten Brasiliens, ohne eine eigentliche Beschreibung derselben zu beabsichtigen, die viel zu weit führen würde.

Sollte der Eine oder Andere durch unsere kurzen Hinweise zu weiteren Nachforschungen veranlaßt werden, so sind die „deutschen Beratungsstellen für Einwanderer" der Platz, wo er sich die gewünschte Auskunft holen kann.

DER BUNDESDISTRIKT.

Dieses kleine, aus der Stadt Rio de Janeiro und Umgebung bestehende Gebiet, ist nicht ein eigentlicher Staat, wenn auch ein von den anderen Teilen Brasiliens ganz unabhängig regiertes Ländchen.

In ihm hat die Bundesregierung ihren Sitz.

Der Distrikt wird wie eine Stadt verwaltet, deren Spitze hier „Präfekt" heißt. Der Präfekt wird vom Bundespräsidenten ernannt und hat nur den zuständigen Organen von dessen Regierung Rechenschaft abzulegen.

Der Bundesdistrikt hat die Größe eines unserer thüringischen Ländchen und als Ausnahme, eine hohe Bevölkerungsdichte. In ihm, besonders in der Hauptstadt gleicht das Leben und Treiben am meisten demjenigen in Europa. Von Ansiedlung der Einwanderer oder gar von regelrechter Kolonisation ist auf diesem Gebiete nicht die Rede. Nur durch Empfehlung, durch unsere Stellenvermittlung oder durch Zufall kommt es vor, daß Frisch-Angekommene in geringer Zahl hier unterkommen, wie es die Statistik auf Seite 9 zeigt.

Das Klima ist gesund, wenn auch von November bis März recht heiß. Niedrigste Temperatur etwa 10° Celsius über Null, kommt aber selten vor, dagegen gibt es im Sommer meist 28—30° C und mehr, die man aber viel drückender empfindet, als bei uns.

Als Regel kann man sagen, daß es in Rio de Janeiro das ganze Jahr über mehr oder weniger warm ist, sobald es einige Tage oder Wochen nicht geregnet hat. Auffallend und ermattend wirkt auf den Neuling die geringe Abkühlung nachts im Sommer.

Im Bundesdistrikt konzentriert sich etwa ein Drittel des Handels und der Industrie des Landes.

Landwirtschaft, die in anderen brasilianischen Staaten die Hauptrolle oder sogar die einzigste Rolle in der Tätigkeit des Volkes spielt, tritt hier gar nicht zu Tage. Es gibt im Bundesdistrikt fast nur Kaufleute, Industrielle mit ihren Angestellten und Beamte.

Begreiflicherweise ist auch Rio de Janeiro der Ausgangspunkt der wichtigsten Eisenbahn- und Schiffahrtslinien Brasiliens.

Das Leben kostet in Rio de Janeiro unverhältnismäßig viel mehr, als in anderen Städten Brasiliens. Wer ohne Familie, so leben will, wie es etwa in Deutschland früher ein mittlerer Beamter konnte, tut gut mit einer Ausgabe von 400 $ 000 bis 600 $ 000 (siehe brasil. Geld am Schluß) monatlich zu rechnen. Das sind nach heutigem Kurse, der niedrig ist (April 1924) 200 bis 300 Goldmark. Mit Familie steigen die Auslagen auf tausend milreis und mehr. Arbeiter und solche, die der Not gehorchend, gar keine Ansprüche machen, kommen mit ungefähr der Hälfte davon aus. Im deutschen Heime zahlen sie, wenn Platz frei ist, gar nur 75 Milreis für Kost und Wohnung per Monat, was ein Segen für viele ist.

Der Aufenthalt ist also in der Hauptstadt Rio de Janeiro sehr teuer. Auf dem Lande im Bundesdistrikt kann man schon billiger leben, aber doch im allgemeinen nicht so preiswert, wie in den anderen, besonders in den südlichen Staaten.

Rio de Janeiro hat zur Zeit über 1 Million Einwohner, ist also größer als irgend eine Stadt Deutschlands, außer Berlin.

Weitere Auskunft über den Bundesdistrikt erteilt:

Die deutsche Beratungsstelle Rio de Janeiro, rua Theophilo Ottoni Nr. 95.

Der Staat Rio de Janeiro.

Zu unterscheiden von der eben erwähnten Stadt Rio de Janeiro mit der er nichts zu tun hat, als die benachbarte Lage!

Er besitzt einen Flächenraum wie Bayern und ist dabei einer der kleinsten Staaten Brasiliens.

Seine Hauptstadt heißt „Nicteroy". Man erreicht sie von Rio de Janeiro in zwanzig Minuten mittels Dampfboot.

Der zur See Ankommende erblickt diese Stadt von 350 000 Seelen, rechter Hand im Hafengebiet.

Der Staat Rio de Janeiro hat für Einwanderer etwas größere Bedeutung, als der Bundesdistrikt. Aber seine Bevölkerungsdichte ist, im Verhältnis zu dem übrigen Brasilien immer noch hoch, und wohl deshalb wird geregelte Kolonisation auch in diesem Staat sehr wenig betrieben. Aber wenn der Einzelne sich bemüht und Zeit hat, wird er hier schon eher eine Lebensmöglichkeit finden, als im Bundesdistrikt. Auch gibt es einige bedeutende Landgüter im Staate, welche Landarbeiter, eventuell Kolonisten annehmen. Aber ehe man sich entschließt, ist Vorsicht am Platze, weil ein Teil jener Gebiete sumpfig und daher gefährlich ist.

Das Klima ist sonst gesund, das Leben besonders auf dem Lande, schon viel billiger, als im Bundesdistrikt.

Die Hauptstadt Nicteroy hat, wenn auch nicht so wie Rio de Janeiro, großstädtisch europäisches Gepräge, wenigstens in ihrem zentral gelegenen Teile.

Weitere Auskunft erteilt dieselbe Beratungsstelle in Rio.

Der Staat Minas Geraes.

Das Gebiet dieses Staates ist größer als ganz Deutschland, aber seine Bevölkerung — obwohl an Zahl bedeutender, als die jedes anderen brasilianischen Staates — erreicht nicht den zehnten Teil derjenigen unseres Vaterlandes.

Aus diesem Grunde ist der Staat Minas Geraes heute noch verhältnismäßig arm an Hilfsmitteln für einen schnellen Aufschwung, der in erster Linie durch Kolonisation erfolgen müßte. — Auch der Mangel einer Seeküste mag dazu beigetragen haben.

Tatsache ist, daß seine Regierung bisher der Kolonisation keine auffallende Beachtung oder Organisation gewidmet hat.

In der Nähe der Stadt Juiz de Fora in Minas Geraes gibt es eine alte, nicht unbedeutende deutsche Kolonie, wo der eine oder andere Neuankommende ein erträgliches Einkommen und Leben finden könnte, zumal die Stadt angenehm ist.

Auch an anderen Stellen haben sich im Laufe der Jahre einige deutsche und österreichische Familien angesiedelt.

Einwanderer, welche die Sprache verstehen, können auch mit Erfolg in einer der großen Minengesellschaften tätig sein. Überhaupt, wie schon gesagt, eröffnen sich dem sprachkundigen deutschen Einwanderer mehr Aussichten allenthalben, wenn er zugleich die sonst erforderlichen Eigenschaften hat.

An guten fruchtbaren Böden, an großen und kleinen Flüssen, besonders aber an Gebirgen und Hochebenen, fehlt es im Gebiete von Minas Geraes keineswegs. Auch verfügt der Staat über ein ziemlich bedeutendes Eisenbahnnetz in seinem mittleren Teile und an der Grenze mit verschiedenen anderen Staaten.

Im übrigen stimmt der Volkscharakter in diesem großen Staate nicht so sehr mit dem deutschen überein, als es in den später Genannten der Fall ist. Eine Einzelansiedlung in Minas Geraes raten wir deshalb nur nach sicherer vorheriger Erkundigung an.

Minas Geraes ist, wie der Name sagt, das Land der Minen oder besser Erzlager, von denen solche mit Eisen- und Manganerz die umfangreichsten sind. Manganerz wird ausgebeutet, Eisenerz — praktisch gesprochen — noch nicht. Noch vieles andere kann in Minas Geraes aus Erz und Steinen gewonnen werden, z. B. Gold und Diamanten. Derartige Unternehmen bestehen auch, aber die einzige Goldmine befindet sich in englischem Besitz.

Die Anzahl der Arbeitskräfte, die in Minenarbeiten beschäftigt ist, schwankt, mit der Konjunktur, zwischen etwa 2 und 5000.

Von Rio de Janeiro aus erreicht man die Grenze des Staates — nahe bei der Stadt Juiz de Fora, in drei bis vierstündiger Eisenbahnfahrt; die Hauptstadt Bello Horizonte ist dagegen dreimal so weit entfernt.

Minas Geraes wird in späteren Jahren ohne Zweifel das Zentrum der brasilianischen Eisenhütten-Industrie werden, die momentan nicht einmal nennenswert, vorhanden ist.

Infolge seiner durchweg hohen Lage (über dem Meeresspiegel) ist das Klima in diesem Gebiet durchweg gesund, hier und da sogar heilkräftig, namentlich gegen Lungenschwindsucht. Die meist besuchten Bade- und Kurorte Brasiliens liegen in Minas Geraes und sind durch ihre erfrischenden Mineralwasser bekannt geworden.

Die Temperatur ist im allgemeinen mäßiger als in Rio de Janeiro, schon deshalb, weil Minas Geraes durchweg Hochland ist.

Weitere Auskunft erteilt die genannte Beratungsstelle in Rio.

Der Staat São Paulo.

Dieser Staat spielt auf wirtschaftlichem Gebiet unbestritten die Hauptrolle in Brasilien. Durch seinen gesunden Volkscharakter, sowie durch die zielbewußte Tatkraft seiner Regierungen hat er einen in Südamerika beispiellosen Aufschwung erlebt.

Seine Oberfläche, von der Größe derjenigen des preußischen Staates, bildet fast ein Viereck, dessen längste Seite am Atlantischen Ozean liegt. Die Einwohnerschaft zählt heute über vier Millionen Seelen, ein Achtel derjenigen Preußens.

Im Verhältnis zu dieser Seelenzahl, ist São Paulo ein geradezu phänomenal produktives Land, dessen Volk an persönlicher Leistungsfähigkeit vielleicht vor keinem anderen unserer Erdkugel zurückzustehen braucht.

Daß sich unter diesen Umständen auch zahlreiche Deutsche in São Paulo angesiedelt haben und sich meistens dort wohl fühlen und vorwärts kommen, ist begreiflich.

So werden auch von den zu Erwartenden viele gut tun ihr Augenmerk auf São Paulo zu richten. Dort hat sich nicht nur die Landwirtschaft und Industrie fast gleich gut entwickelt, auch die staatliche Einwandererfürsorge ist vorzüglich organisiert und vertrauenerweckend. In der Hauptstadt São Paulo, deren Klima infolge ihrer Höhenlage (ca. 600 m) angenehmer ist als dasjenige Rios, besteht außerdem eine Auskunftsstelle für deutsche Einwanderer und Stellungsuchende, ferner Arbeitsnachweis vom deutschen Arbeiterverband und eine Zentralauskunftstelle für deutsch-österreichische Einwanderer. Die Adressen erfährt man auf dem deutschen Konsulate.

Von der Beratungsstelle für deutsche Einwanderer in São Paulo ging uns folgende Ausführung zu: „São Paulo steht obenan im Kaffeebau. Bei den Kaffeepflanzungen, Fazendas genannt, handelt es sich fast ausschließlich um Großbetriebe, ausgestattet mit allen erforderlichen technischen und maschinellen Einrichtungen zur Herstellung eines guten und marktfähigen Erzeugnisses.

Die Fazendas haben immer einen großen Bedarf an Landarbeitern zur Pflege der Kaffeesträucher und zum Pflücken der Früchte. Das Fehlen von Arbeitskräften wird bisweilen eine so ernste Frage, daß die Regierung aushelfen muß durch besondere Reisevergünstigungen für Fazenda-Arbeiter. Die Arbeit mit der Hacke, die fast ausschließlich in Frage kommt und die beim Einsammeln der Früchte notwendige Fingerfertigkeit liegen dem Deutschen allerdings viel weniger als dem Italiener. Oft betreiben die Fazendas nebenbei den Anbau anderer Nutzpflanzen und Viehzucht und sind auf jeden Fall eine sehr gute, wenn auch oft eine beschwerliche Schule für den Zuwandernden, welcher mit dem Vorsatz kommt, selbst Kolonist oder Pflanzer zu werden.

Jeder Neuling im Lande, auch der tüchtigste Landwirt von drüben muß hier erst mit den veränderten Verhältnissen und den entsprechenden Wirtschaftsmethoden vertraut werden, ehe er selbst erfolgreich Landwirtschaft betreiben kann.

Außer Kaffee werden im Staate São Paulo in sehr bedeutendem Maße Reis, Baumwolle und Zuckerrohr angepflanzt, sowie Mais, Bohnen, Mandioca, Kartoffeln, Futtermittel usw., letztere besonders auch als Kleinkulturen. Auch die Viehzucht ist streckenweise gut entwickelt. Vorzügliche Aussichten hat die Schweinezucht. Es sind große Exportschlächtereien vorhanden, welche Schlachtvieh in jeder Menge und zu lohnendem Preise aufkaufen.

Die in São Paulo seit langem rege Industrie hat besonders in den letzten Jahren große Fortschritte gemacht. Es werden alle Gebrauchsgegenstände und gute Erzeugnisse jeglichen Handwerkes hergestellt. Auch Maschinen werden gebaut und Maschinen-Reparaturwerkstätten leisten sogar sehr Bedeutendes. Sehr entwickelt ist die Textilindustrie sowie die Fabrikation von Schuhwaren, Möbeln, Emaillewaren und keramischen Erzeugnissen. Auch Steinbrüche beschäftigen viele Arbeiter.

Die meisten Städte und größeren Ortschaften des Staates haben elektrische Beleuchtung und elektrische Kraft ist dort überall verfügbar.

Allen Zuwandernden des kaufmännischen Berufes, welche auch hier in ihrem Berufe tätig sein wollen, kann nicht genug nahe gelegt werden, die portugiesische Sprache zu erlernen. Ohne Kenntnis der Landessprache werden sie nur ausnahmsweise Anstellung finden können."

Besonders aus São Paulo sind in der ersten Zeit nach dem Kriege viele und dringende Klagen über Mangel an landwirtschaftlichen Einwanderern gekommen. Nicht nur die in den fünf Kriegsjahren auf ein Bruchteil der früheren Zahl zusammengeschrumpfte Zuwanderung ist daran Schuld; auch die durch ungewöhnlichen Gewinn veranlaßte Ausdehnung der Pflanzungen, dazu der Abzug von Kriegsteilnehmern nach Europa und nicht zum mindesten der in den Industriezentren notwendige Arbeiterbedarf für viele neue oder vergrößerte alte Betriebe — alles das macht die Einwanderung zu einer Lebensfrage für die Weiterentwicklung der Volkswirtschaft des Staates, wenn dort wie bisher, Landbau, Industrie und Handel gleichmäßig fortschreiten sollen.

Von Rio gelangt man an die Grenze São Paulos in 5 bis 6stündiger Eisenbahn- oder 12stündiger Schiffsfahrt; zur Hauptstadt oder zur Hafenstadt Santos dauert es doppelt so lange.

Die Hauptstadt, ebenfalls São Paulo genannt, hat stark europäischen Charakter und dürfte heute nicht viel weniger als eine halbe Million Einwohner zählen.

Abgesehen von kleinen Teilen seiner Küste, hat der Staat ein gesundes Klima, im Durchschnitt schon merklich kühler, als derjenige Rio de Janeiros und auch Minas Geraes. Insbesondere empfindet der Fremde angenehm, die nach des Tages Hitze eintretende nächtliche Abkühlung.

Weitere Auskunft erteilt: Die Deutsche Beratungsstelle, São Paulo, rua da Quitanda Nr. 4 II.

Der Staat „Paraná".

Sein Gebiet hat drei Viertel der Ausdehnung S. Paulos, aber seine Bevölkerung ist bedeutend geringer. Anstelle der viereinhalb Millionen Seelen S. Paulos wohnt in Paraná nur wenig mehr als eine halbe Million.

Dementsprechend ist Paraná ein noch ziemlich unkultiviertes Land, wenn man von der Hauptstadt Curityba absieht, die sich aber auch keineswegs mit São Paulo oder gar Rio de Janeiro vergleichen kann. Curityba entspricht ungefähr einer mittleren deutschen Kleinstadt mit elektrischem Licht, Straßenbahnen usw.

Der Staat Paraná, wie die anderen noch zu erwähnenden südlichen Küstenstaaten Brasiliens sind für die deutschen Auswanderer nach Brasilien von besonderem Interesse, weil sie dort allenthalben Deutsche oder doch deutschsprechende Abkömmlinge von Stammesgenossen antreffen In Curityba fällt dieser Umstand schon angenehm auf

Die Tatsache, daß im Staate Paraná allein sieben, teils sehr umfangreiche deutsch-evangelische Gemeindebezirke bestehen, gibt ein gutes Bild von der Stärke der dortigen deutschsprechenden Elemente.

Die Küste von Paraná schließt an diejenige S. Paulos an, ist jedoch erheblich kürzer. Bis zur Hafenstadt Paranaguá fährt man von Rio de Janeiro aus mit einem brasilianischen Dampfer in zwei bis drei Tagen, wenn nicht unterwegs zu langer Aufenthalt genommen wird.

Zur Hauptstadt Curityba wird der Weg über dieses selbe Paranaguá meist dem direkten Landwege von Rio aus vorgezogen. Die Eisenbahnfahrt vom Hafen bis Curityba dauert dann nur vier Stunden. Schneller geht es im ganzen, wenn man nur per Bahn fährt. Die Fahrt von Rio de Janeiro aus geht dann über São Paulo. Wenn man den nächsten Anschluß dort erreicht, kann man in wenig mehr als vierzig Stunden in Curityba sein.

Das Klima in Paraná ist ausgezeichnet, der Gesundheitszustand besonders gut in Curityba. (Höhenlage ca. 1000 m). Nur in der Küstengegend gibt es Fiebergebiete. Wem angeboten wird, sich in Nähe der Küste anzusiedeln, erkundige sich genau über diesen Punkt.

Für den deutschen Einwanderer als Landarbeiter bietet Paraná keine schlechten Aussichten. Auf dem Gebiete der Holzindustrie (Tannenholz) steht der Staat an erster Stelle in Brasilien, ebenso wie in der Produktion eines Tees, „Matte" bras. maté genannt, der in Deutschland kaum dem Namen nach bekannt ist, aber in Südamerika eine bedeutende Rolle spielt.

Weitere Auskunft erteilt: Die deutsche Beratungsstelle in Curityba.

Der Staat Santa Catharina.

Dieser Staat ist in ganz Brasilien, ja in der ganzen zivilisierten Welt durch seine starke deutsche Kolonisation bekannt geworden.

Seine Oberfläche beträgt etwa die Hälfte derjenigen Paranás. Auf ihr lebt aber eine verhältnismäßig viel stärkere Bevölkerung. Wohl aus diesem Grunde findet man in Santa Catharina ein, im Durchschnitt etwas höheres und intensiveres Kulturleben, als in Paraná; was besonders in den kleineren Städten auffällt.

In Santa Catharina ist der in den andern brasil. Staaten vorhandene Unterschied im Leben der größeren (gewöhnlich ist es nur eine einzige) und kleineren Städte, Dörfer und Flecken mehr ausgeglichen. Das Leben in Blumenau, Joinville, S. Bento, Brusque und anderen ist nicht viel voneinander verschieden. Überall hat der deutsche Bauer, Handwerker, Kleinstädter dem dortigen Zustand in vorteilhaft abstechender Weise, seinen Stempel aufgedrückt.

Über das Klima gilt in beiden Staaten dasselbe.

Die Küste Sta. Catharinas ist etwa doppelt so lang wie die

Paranás. Der erste Hafen São Francisco liegt nahe der Grenze der beiden Staaten. Man kann dahin von Rio aus in drei bis vier Tagen kommen. Etwas weiter liegt der Hafen „Itajahy" und schließlich Florianopolis, die Hauptstadt des Staates, die wirtschaftlich keine besondere Rolle spielt, aber doch auch deutsche Schule und Kirche besitzt.

Die hauptsächlich deutsch-sprechenden Gebiete werden von den Häfen São Francisco und Itajahy aus erreicht, teils mittels Lagunen- bezw. Flußschiffahrt, teils mit der Eisenbahn. Eine halbtägige Fluß-Fahrt führt z. B. von Itajahy aus nach Blumenau, wo die erste und einzige von Deutschen gebaute Eisenbahnlinie — die Sta. Catharinabahn — ihren Ausgangspunkt hat. Sie ist etwa 70 Kilometer lang und führt in die vorzüglichen Ansiedelungsgebiete der Hanseatischen Kolonisationsgesellschaft (s. Ins. 4. Umschlagseite).

Weitere Auskunft erteilt: Die Deutsche Beratungsstelle in Blumenau.

Der Staat Rio Grande do Sul.

Nächst S. Paulo hat dieser Staat den erstaunlichen Aufschwung besonders in den letzten Jahren erlebt. Wenn man bedenkt, daß er — auf wenig kleinerem Terrain — nicht einmal die Hälfte der Einwohner S. Paulos beherbergt, dann kann man seine Leistungsfähigkeit, seine Lebenskraft und seine Erfolge denen S. Paulos wohl an die Seite stellen.

Auch in Rio Grande do Sul haben sich die drei hauptsächlichsten Wirtschaftszweige: Landwirtschaft (speziell auch Viehzucht) Industrie und Handel in gleichmäßigem Tempo entwickelt. Ein gewaltiger Unternehmungsgeist ist von dem, durch die Kriegsverhältnisse besonders diesem Staat zugeflossenen Reichtum geweckt worden.

Zahlreiche Abkömmlinge von Deutschen sind an dem Erfolge der Arbeit Rio Grande do Suls beteiligt. In Porto Alegre, der überallbekannten hübschen Hauptstadt, trifft man allerortens deutsche Namen, deutsche Sprache und deutsche Sitten. Kaum ein Dorf in diesem Staate, das nicht ein deutsches Gasthaus hätte.

Ohne Zweifel, Rio Grande do Sul ist auch für den kommenden deutschen Einwanderer ein günstiger Aufenthalt, wo er sich gemütlich und körperlich wohl fühlen wird. Das Klima ist, unter allen anderen in Brasilien, demjenigen Deutschlands am nahestehendsten. Immerhin sinkt im Winter die Temperatur nicht gerade oft auf Null Grad, während sie im Sommer heißer als in Rio de Janeiro sein kann. Aber die abendliche Abkühlung läßt die Hitze nicht so erschlaffend wirken.

In Rio Grande do Sul ist recht viel angesiedelt worden und mit Erfolg. Kolonie-Gruppen von zehn bis zwanzigtausend Seelen sind dort heute zu finden. Die ältesten deutschen Ansiedelungen Brasiliens wurden gerade in Rio Grande do Sul angelegt und bilden dort heute ansehnliche Städte.

Fleisch und Fleischkonserven, Leder, Weizenkultur, Wein und Fruchtkonserven, sowie Holz sind für diesen Staat charakteristische Erwerbszweige. Aber auch fast alles andere, was in Brasilien produziert wird, ist in Rio Grande do Sul zu finden mit Ausnahme der rein tropischen Erzeugnisse.

In Rio Grande do Sul besteht auch die einzige brasilianische Kohlenmine von Bedeutung, die sich in voller Ausbeute befindet und an sechshundert Arbeiter beschäftigt. Sie hat, nachdem sie bisher mehr von französischer Seite beraten war, kürzlich viele deutsche Spezialarbeiter und Techniker angestellt. Sie ist in der Lage, täglich etwa tausend Tonnen Kohle zu fördern, die jedoch an industriellem Werte sehr hinter dem zurücksteht, was wir Deutsche Steinkohle nennen. Aber infolge der durch den Krieg geschaffenen Verhältnisse hat diese alte Mine einen neuen Aufschwung genommen.

Von Rio de Janeiro aus fährt man nach Rio Grande do Sul selten mit der Eisenbahn, da die Fahrt, besonders in der heißen Zeit, eine unnötige Strapaze ist. Sie kommt nämlich nicht billiger aus, als die Fahrt zur See. Auch ist die Abkürzung nicht wesentlich, höchstens ein bis zwei Tage. Zur See dauert die Fahrt bis Porto Alegre sechs bis sieben Tage.

Weitere Auskunft erteilt: Die Deutsche Beratungsstelle Porto Alegre: Herr Pastor Gottschald, rua Sertorio Nr. 40.

Die anderen Staaten.

Für deutsche Kolonisation kommen, die Riesenstaaten Amazonas, Matto Grosso und Pará, deren jeder zwei bis dreimal so große Oberfläche hat, als das Deutsche Reich, nicht, oder doch vorläufig nicht in Betracht, obschon es auch dort, besonders im Amazonas und Pará einige deutsche Handelsfirmen gibt.

Mehr Deutsche gibt es schon in Pernambuco und Bahia. Pernambuco ist der Hauptplatz der brasilianischen Zuckerindustrie, die im Kriege gewaltig verdient hat und auch zur Zeit (April 1924) sehr gut geht. Aber sie hat wie alles andere, ihre guten und schlechten Zeiten, die u. U. sehr schnell wechseln. In Bahia hatten die Deutschen mehr oder weniger die große Tabakindustrie in Händen. Hier können vielleicht einige Deutsche unterkommen, aber die eigentliche Kolonisation hat hier, obwohl versucht, noch keinen Erfolg gehabt.

Dann käme vielleicht noch der kleine Staat Espirito Santo in Frage, dessen Küste an diejenige Rio de Janeiros angrenzt. In Espirito Santo wurde vor hundert Jahren, zum ersten Male zu kolonisieren versucht, nicht ganz ohne Erfolg. Einige Ansiedelungen von deutschen Abkömmlingen haben sich blühend erhalten, andere blieben rückständig.

Im gesamten Kulturleben kann sich dieser Staat, wie überhaupt der ganze Norden Brasiliens in keiner Weise mit dem Süden vergleichen. Das Leben auf dem Lande dort, ist sehr primitiv, ganz und gar nicht für einzelne deutsche Einwanderer geschaffen.

Der Unterschied ist sogar auffallend groß.

Immerhin soll der Staat Espirito Santo an 25 tausend deutschsprechende Einwohner zählen, die zumeist in sieben deutsch-evangelischen Gemeindebezirken eine gewisse Organisation besitzen, sich aber auch durchweg nur dürftig durchschlagen.

Auch an Kolonisationsgebiet fehlt es dort nicht. Darüber möge sich der Einwanderer in Rio de Janeiro erkundigen, wenn er Interesse dafür hat.

VERKEHR MIT BRASILIANERN.

Obwohl Brasilien im Kriege mit Deutschland gestanden hat, findet jeder sich anständig benehmende und nicht anmaßend auftretende Deutsche freundliche, ja selbst entgegenkommende Aufnahme im Lande.

Ja, man kann behaupten, daß schwerlich irgendwo in der Welt der Ausländer so frei und persönlich unbehelligt lebt, wie in Brasilien.

Immerhin — eine Regel sollen sich gleich im Anfange die Neulinge merken, wenn sie ihrer persönlichen Ruhe, eventuell sogar ihres Lebens im Innern des Landes sicher sein wollen:

„Vermeidet es, Euch in fremde Politik und in fremde Liebesverhältnisse zu mischen!“

Dieses ist in den weitaus meisten Fällen die Ursache der in Brasilien vorkommenden Gewalttaten. Raub und Diebstahl sind selten in diesem Lande.

Die meisten Brasilianer kennen und schätzen die Tüchtigkeit der Deutschen als Kaufleute, Arbeiter usw. besonders aber als Kolonisten, die an Leistungsfähigkeit fast jede andere Nation, wenn nicht alle, übertroffen haben.

Andererseits ist der Brasilianer, wie jeder Angehörige einer jungen Kultur, mehr Gemüts- als Verstandesmensch und im übrigen, wie jeder Mensch, empfindlich in seinem Nationalgefühl. Er liebt es nicht, wenn der Einwanderer sich laut und heftig über wirkliche oder — was leider oft vorkommt — nur vermeintliche Mißstände in Brasilien, beklagt. Er liebt es auch dann nicht, wenn er (der Brasilianer) selbst davon zu reden angefangen hat.

Man täusche sich nicht dadurch, daß er die abfälligen Äußerungen ruhig aufnimmt. Vergessen wird er sie nicht, und bei mehrfacher Wiederholung ist die Folge: Der Fremdling macht sich unsympathisch und findet statt Unterstützung Hindernisse, oft ohne zu wissen warum.

Andererseits ist es ihm so leicht, durch Anerkennung des Guten, durch kleine Gefälligkeiten usw. die Sympathie des Brasilianers zu erwerben. Sie kann ihm, infolge der besonderen Verhältnisse des Landes, von weit höherem Werte sein, als es umgekehrt in Deutschland möglich wäre. Der Brasilianer ist eben von Natur viel mehr geneigt, Eindrücken nachzugeben, als Überlegungen. Er ist daher ebenso schnell zu gewinnen wie abzustoßen.

Seine besten Vorzüge sind große Herzlichkeit, und alle daraus entspringenden Tugenden, sowie scharfe Auffassungsgabe. Als Mangel empfinden wir Deutsche bei ihm nicht selten Gleichgültigkeit in Berufsgeschäften, sowie zu weitgehende Beeinflussung seiner Handlungen durch Gefühlssachen, wobei Ungerechtigkeiten leicht vorkommen.

Der Brasilianer gibt auch, wenn er sich von Jemandem benachteiligt oder gekränkt fühlt, seinen Gedanken darüber selten offenen Ausdruck. Der Grund dazu ist eine — nach deutschem Begriffe falsch verstandene — Höflichkeit. Für uns Deutsche ist dieser Charakterzug eine Quelle von Mißverständnissen, deren Schaden wir uns jedoch meistens selber zuschreiben müssen.

Der Einwanderer soll immer daran denken, daß er Gast in Brasilien ist und die Pflicht hat, vieles Unangenehme zu ertragen, wenn es nicht zu ändern ist, oder aber seine Klagen ruhig vorbringen.

In Brasilien ist naturgemäß vieles anders als in Deutschland, denn das warme Klima, die enorme Ausdehnung des Landes, die Schwierigkeit schneller Eisenbahnverbindungen, die an vielen Kolonie-Orten noch fehlen, dazu die verhältnismäßig kleine Bevölkerung, die ein großes Land in Ordnung halten muß — alles das ergibt manche Verhältnisse, die dem Deutschen, wie schon gesagt, vielleicht unvollkommen erscheinen, die aber beim besten Willen nicht geändert werden können. Denn jeder kann nur mit den Mitteln arbeiten, die er hat.

Also raten wir den Einwanderern Vernunft an, wenn sie Schwierigkeiten haben. Nicht gleich alles den Behörden in die Schuhe schieben, und dem Unmut laut mit heftigen Worten Luft machen, wenn es einmal krumm statt gerade geht!

Wendet Euch in solchen Fällen schriftlich an die nächste deutsche Beratungsstelle, deren Adresse dieses Büchelchen angibt! Auch mit der Direktion des Bevölkerungsdienstes in Rio de Janeiro (Adresse: Direcção do Povoamento do Solo, Rio de Janeiro) könnt Ihr in deutschen Briefverkehr direkt treten! Schreibt jedoch sachlich und vor allem wahrheitsgemäß und ohne Übertreibung, sonst erreicht Ihr nichts!

ERLÄUTERUNGEN ZUM BRASILIANISCHEN EINWANDERUNGSGESETZ.

Allgemeines.

Das für den Einwanderer wichtigste Gesetz ist von der Regierung auch in die deutsche Sprache übertragen worden unter folgendem Titel:

Ministerium für Landwirtschaft, Industrie und Handel.
Direktion des Bevölkerungsdienstes.
Dekret Nr. 9981 vom 3. November 1911.
Gibt neue Vorschriften für den Bevölkerungsdienst.

Dieses Gesetz ist, wie überhaupt alles was brasilianische Behörden über und für Einwanderer verfügt haben, ausdrücklich auf Landwirte zugeschnitten. Es würde also viele der zu erwartenden Deutschen nur wenig interessieren, wenn nicht für sie — wie schon ausgeführt — die Wahrscheinlichkeit vorläge, im Notfalle Landarbeit zu übernehmen.

Deshalb behandeln wir auch diese Bestimmungen zwar kurz, aber doch mit der erforderlichen Gründlichkeit.

Wer einwandern darf.

1. Jeder Einwanderer soll seine Ausweispapiere in der europäischen Stadt, wo er das Schiff zuerst betreten hat, vom brasilianischen Konsulat visieren lassen. Dann ist er sicher vor Schwierigkeiten bei der Ausschiffung.

(Werden ihm in Rio de Janeiro trotzdem Umstände gemacht, so soll er sich auf alle Fälle an den Vertreter der deutschen Beratungsstelle für Auswanderer wenden.)

2. Mehr als sechzigjährige Einwanderer werden nur in Begleitung arbeitsfähiger Verwandten aufgenommen.
3. Nicht aufgenommen werden: notorische Verbrecher, Unruhestifter, Vagabunden, Bettler, Geisteskranke, Invaliden, ansteckende Kranke und solche mit unerlaubten Berufen.

Vorteile für alle Einwanderer ohne Unterschied (teils schon erwähnt).

1. Kostenloser Empfang und Ausschiffung.
2. Zollfreiheit für Gepäck und Handwerkszeug.
3. Kostenlose Verpflegung für drei bis acht Tage.
4. Kostenlose ärztliche Behandlung und Hospitalpflege bei der Ankunft.
5. Kostenlose Beförderung (Bahn oder Schiff) von Rio de Janeiro aus bis zu der, dem Bestimmungsorte nächsten Station, einschließlich Gepäck bis fünfzig Kilo Gewicht.
6. Auskunftserteilung zur Aufsuchung von Arbeitsgelegenheit.

Einwanderer für Landbau.

Die brasilianische Regierung versteht unter Einwanderer (Immigrante), wie schon gesagt, im eigentlichen Sinne solche, die in Brasilien Land für Ackerbau bearbeiten und erwerben wollen.

Daher beziehen sich sehr viele gesetzliche Bestimmungen und Vergünstigungen nur auf solche Leute.

Ackerbauer können — falls sie nicht von vornherein für sich selbst sorgen — auf sogenannten

Kolonie-Gruppen

angesiedelt werden.

Wer aber Junggeselle ist und keine Geldmittel besitzt, tut ohne Zweifel besser, sich bei einem der vielen Großgrundbesitzer als Arbeiter zu verdingen. Das ist meistens nicht schwer zu erreichen, da Landbauer in fast allen Staaten dieses großen Reiches dringend verlangt werden.

Aus diesem letzteren Grunde wird es dem Arbeitsuchenden vielleicht möglich sein, Einfluß auf die Art seines Kontraktes zu gewinnen. Er soll darauf achten, daß derselbe klar und unzweideutig abgefaßt ist. Wenn er ihn nicht in deutscher Sprache abgefaßt erhält oder sich ein eigenes Urteil nicht zutraut, so ist wieder die Beratungsstelle der geeignete Ort, etwaige Zweifel zu beheben.

Im folgenden geben wir ein Beispiel solcher Kontrakte, wie sie im Staate S. Paulo, auf einer Kaffee-Fazenda (Landgut) mit Landarbeitern kürzlich abgeschlossen wurden.

Aus diesem Vertrage sind die nachstehenden Artikel gedruckt (portugiesisch) und den Arbeitssuchenden als Anpreisung ausgehändigt worden. Sie besagen, in Deutsch übertragen, folgendes:

Artikel 16: Für die Pflege von Tausend Sträuchern wird gezahlt: Rs 150 $ 000. Für 55 Liter geernteten Kaffe wird gezahlt: Rs — $ 700. Für einen Tag geleisteten Dienstes, ohne Essen, wird gezahlt Rs 3 $ 500.

Artikel 17: Die Monatszahlungen erfolgen von 2 zu 2 Monaten.

Artikel 18: Die Endzahlung, sowie diejenige für die Ernte, erfolgt am 31. Dezember.

Artikel 19: Dem Kolonisten ist gestattet zu pflanzen: zwischen den Kaffee-Feldern einen Streifen Mais und zwei Streifen Bohnen.

Die Fazenda liefert auch gutes Land für Getreide-Kultur, im Verhältnis zur Anzahl der gepflegten Kaffee-Sträucher.

Artikel 20: Die Fazenda unterhält einen Laden zur Lieferung an die Kolonisten, gegen geringen Prozentsatz an allen Artikeln. Es steht ihnen jedoch frei zu kaufen, wo sie wollen, wenn sie um Erlaubnis zum Einbringen des Gekauften bitten.

Artikel 21: Die Fazenda befördert die für Ansiedelung der Kolonisten nötigen Materialien kostenfrei. Für die Fuhre Getreide erhebt sie ein bezw. zwei milreis, je nach der Größe des Wagens.

Artikel 22: Es steht dem Kolonisten frei, auf der Weide der Fazenda kostenlos das nötige Vieh zu halten, mit Ausnahme von kleinen Ziegen und Schweinen.

Artikel 23: Die Fazenda liefert kostenfrei Kaffee für den Gebrauch der Kolonisten, im Verhältnis von einem Kilo pro Monat für je Tausend gepflegter Kaffee-Sträucher.

Die obigen Paragraphen enthalten bei näherer Betrachtung eine Anzahl von Unklarheiten, die zu Mißhelligkeiten Veranlassung geben können. Es wäre jedoch falsch, ohne Weiteres anzunehmen, daß dies Absicht des Fazendeiros (Landgut-Besitzers) sei. Oft genug ist die Ungeübtheit im schriftlichen Ausdruck Schuld daran.

Auf alle Fälle jedoch sehe sich der Einwanderer vor.

Wie man sieht, erhält der Landarbeiter für eigenen Gebrauch ein Stück Land zur Verfügung, um darauf — außer seiner Dingarbeit — das nötigste zum eigenen Unterhalt zu pflanzen und zu ziehen. So kommt er bald dazu für Lebensmittel nur geringe Unkosten zu haben.

Wo Leute nötig gebraucht werden, ist auch ihre Behandlung besonders gut und manche ihrer billigen Wünsche wird der Fazendeiro gern erfüllen, um sie nicht zu verlieren.

Hat also der Landarbeiter nur etwas Glück, so spart er sich in einigen Jahren genug, um als selbständiger Landwirt in eine Kolonistengruppe einzutreten.

Kolonie-Gruppen und Lose.

Unter ersteren versteht man ein, von Landmessern abgestecktes Stück Land, das in kleine Abschnitte — Lose — geteilt wird, von denen eins dem Einwanderer überlassen wird. Nimmt er es an, so wird er damit Kolonist (brasil.: „Colono“).

Einwanderer mit Familie erhalten bei Auswahl der Lose, wie bei manchen anderen Gelegenheiten, den Vorzug.

Das Gesetz bestimmt, daß alle Kolonie-Gruppen hinsichtlich gesunder Lage, Trinkwasser, Beförderungsgelegenheiten, Fruchtbarkeit usw. gewissen Anforderungen entsprechen müssen.

Die Erfüllung dieser Bestimmung kann aber, infolge der Schwierigkeit einer zuverlässigen Aufsicht in diesem Riesenlande nicht unbedingt zugesichert werden. Daher soll sich der deutsche Einwanderer vor der Auswahl der ihm angegebenen Kolonie-Gruppen so gründlich wie möglich erkundigen, damit er sich sein Fortkommen nicht unnötig erschwert.

Ein gleiches gilt von allen im folgenden behandelten gesetzlichen Bestimmungen. Kein Einwanderer darf darauf bauen, daß dieselben streng eingehalten werden. Sie mögen ihm daher weniger als Sicherheit gelten, denn als Maß dessen, was er im besten Falle erwarten kann. Dort, wo er bei einem Angebot zur Ansiedelung Bedingungen stellen darf, werden ihm die folgenden Ausführungen wenigstens zeigen, was er füglich fordern sollte.

Eine Kolonie-Gruppe wird in der Regel fünfzig oder mehr Lose haben, deren weiteste Entfernung von einander höchstens zwölf Kilometer beträgt. Der Neu-Ankommende wird also auf seiner Gruppe vielleicht schon Landsleute antreffen, oder aber gut tun, mit solchen zusammen dorthin zu fahren.

Die Reise zur Kolonie-Gruppe von der letzten Bahn- oder Schiffsstation aus, soll, laut Gesetz, von derjenigen Staatsregierung bezahlt werden, der das Gebiet untersteht. Der neue Ansiedler braucht dafür nichts auszulegen.

Für größere Kolonie-Gruppen wird die Gründung einer Ortschaft, als Mittelpunkt derselben, vorgesehen.

In diesem Falle gibt es zwei Arten von Losen: Das Stadtlos

und das Landlos. Die Stadtlose werden nur zum Bau von Häusern für Handel, Industrie usw. verkauft. Sie sind daher viel kleiner, als die Landlose, in der Regel höchstens einen halben Hektar groß. Sie werden im allgemeinen nur gegen Barzahlung gegeben.

Für den neuen Einwanderer sind die Landlose die Hauptsache. Sie haben manchmal die Größe von 25 Hektar, sind also z. B. 500 Meter lang und 500 Meter tief, oder 1000 Meter lang und 250 Meter tief oder ähnlich.

Manche Lose haben schon ein kleines Häuschen, andere nicht. Wenn nicht, so ist doch auf irgend eine Weise für die Unterkunft des neuen Kolonisten nebst Familie gesorgt, solange bis er sich ein eigenes Dach geschaffen hat.

Im höchsten Falle wird ihm, wenn er sonst fleißig ist, hierfür eine Frist bis zu einem Jahre zustanden.

Kolonie-Gruppen sind weniger von der brasilianischen Reichsregierung als von denjenigen der Einzelstaaten eingerichtet worden, hauptsächlich aber von Erwerbsgesellschaften (insbesondere von Eisenbahnunternehmungen) und vielen Privat-Landgutbesitzern.

Welche von den bestehenden Kolonie-Gruppen noch freie Lose haben, erfährt der Einwanderer auf der „Intendencia" und in der Beratungsstelle.

Die Privatkolonien haben übrigens manchmal eine Beihilfe der Regierung.

Wo die Reichs- oder eine Staatsregierung mitzureden hat, sollte im allgemeinen die Wahrscheinlichkeit größer sein, angemessene Verhältnisse anzutreffen, schon deshalb, weil ein Aufsichtsbeamter die Befolgung der Vorschriften überwachen soll.

Jedoch existieren, ohne eine derartige Überwachung, sehr gute Privatkolonien.

Es ist für den Einwanderer ohne Zweifel vorteilhafter, eine Privatkolonie auszuwählen, über die ihm eine vertrauenswürdige, gute Auskunft erteilt worden ist, als eine Staatskolonie, von der er nichts anderes weiß, als daß sie dem Staate gehört.

Bei Mißbräuchen auf Privatkolonien bietet im Notfalle die Regierung auch Schutz.

Rat bei Auswahl von Kolonie-Gruppen.

1. Nehmt nur Land an in der Nähe von Städten, Dörfern, Eisenbahnstationen oder schiffbaren Flüssen. Weiter entfernte Länder sollten nur für Schweinezucht mit Futterpflanzung dienen.

2. Nehmt kein Land an, ohne zu wissen, daß die Gegend gesund ist und — falls das Land aus Privatbesitz stammt — ohne überzeugt zu sein, daß die Eigentumsrechte sowie die Grenzbestimmung gesetzlich einwandfrei sind.
3. Bittet eventuell um Nachprüfung bei der Regierung oder ihrem Vertreter, einem Advokaten oder der deutschen Beratungsstelle, falls eine solche in dem betreffenden Staate vorhanden ist.

Kolonie der Bundesregierung.

Für die wenigen von der Bundesregierung geschaffenen Kolonie-Gruppen gelten, neben anderen, folgende vorteilhafte Bestimmungen, die durch Gesetz festgelegt sind. Für andere Gruppen gelten dieselben nicht immer. Deshalb sollte der Einwanderer vor Wahl einer Kolonie zu erfahren suchen, welche von folgenden Bedingungen oder eventuell noch günstigere, bei ihr vorhanden sind.

Ob die Bundesregierung noch weiter eigene Koloniegruppen schaffen wird, ist nicht bekannt. Die vorhandenen sind zur Zeit besetzt.

Wenn wir trotzdem die gesetzlichen Bestimmungen hier niederlegen, die dort herrschen sollen, so geschieht dies aus demselben schon genannten Grunde, dem Kolonisten ein Bild von dem zu geben, was er besten Falles in Brasilien zu erwarten hat, wenn er sich als Landbauer niederläßt.

Er soll aber nicht von vornherein damit rechnen, diese Verhältnisse hier überall streng durchgeführt zu sehen.

Erwerb von Landlosen in Bundeskolonien.

Jeder in eine Bundeskolonie als Landkäufer kommende Einwanderer kann verlangen, daß in seinem Besitzkontrakt — sei er nur provisorisch (bei Abzahlung) oder definitiv (bei Barzahlung) — eine Klausel aufgenommen wird, wonach zehn Hektar seines Gebietes ihm niemals genommen werden können, selbst nicht im Falle gerichtlicher Exekution wegen Schulden.

Diese zehn Hektar mit dem was darauf ist (Haus, Früchte usw.) sind dann bis zum Höchstwerte von fünf Contos de reis geschützt.

Preis der Landlose in Bundeskolonien.

	per Hektar ohne Haus
1. für Kolonisten mit Familie bei Barzahlung	Rs 8 $ 000 bis 15 $ 000
bei Abzahlung	Rs 10 $ 000 „ 20 $ 000

Die Abzahlung muß spätestens nach drei Jahren beginnen, und von da an in fünf bis acht Jahren beendet sein.

Die Abzahlung kann früher geschehen, wobei ein Vorteil gewährt wird.

2. für Kolonisten ohne Familie: bei Barzahlung ..... Rs 15$000 bis 30$000 per Hektar, ohne Haus.

Abzahlung ist in diesem Falle nicht zulässig.

Der Kolonist kann und sollte die Aushändigung der Besitzpapiere nebst einer Kopie in deutscher Sprache unverzüglich nach der Besitzübernahme verlangen.

Außerdem wird er ein Kontobuch erhalten, in dem alle Schulden und Abzahlungen zu seiner Kontrolle eingetragen werden.

Stirbt ein Kolonist, so werden seiner Familie alle seine Schulden (an die Kolonieverwaltung) erlassen und sogar das Eigentum des Loses übertragen, wenn mindestens drei Abzahlungen darauf geleistet wurden.

Besondere Vorteile der Bundeskolonie.

1. Die Regierung errichtet Baulichkeiten für die erste Unterkunft der Einwanderer, sowie für Lager, Post, Telegraph, Elementarschule, Werkstatt usw.
2. Landwirtschaftliche Elementarschule mit Versuchsfeld und Lehrwerkstatt für Kinder werden eingerichtet.
3. Bei Ankunft auf der Kolonie-Gruppe erhalten die Einwanderer:
   a) Unentgeltliche Beköstigung für drei bis sechs Tage.
   b) Wenn sie mittellos sind: für sechs bis acht Monate (bis zur ersten Ernte!)
   entweder bezahlte halbtägige Arbeit im Wegebau oder aber Lieferung von Lebensmitteln auf Rechnung zum Preise von 800 bis 1000 reis per Tag für Personen über sieben Jahre und die Hälfte für Jüngere.
   c) kostenlose ärztliche Behandlung, sowie Arzenei während eines Jahres.

Außerdem stellt die Bundesregierung bei ihren Kolonien in Aussicht ohne sich jedoch zu verpflichten, folgendes:

1. Unterhaltung von Zuchttieren, Arbeitstieren, Maschinen und Geräte-Lager.
2. Freie Benutzung von Arbeitstieren und Geräten für Neu-Ankommende für sechs Monate.
3. Verteilung von Sämereien und Instruktionen.
4. Für neue Kolonisten: Haus oder freie Unterkunft bis zu einem Jahre, sowie vorbereitete Strecke Ackerlandes.

Frachtermäßigung von 50% auf der Eisenbahn für fünf Jahre für alle Produkte.

Register der Landwirte.

Wie schon mehrfach bemerkt, werden unter den ackerbautreibenden Kolonisten diejenigen mit Familie für den Genuß aller Vergünstigungen bevorzugt.

Unter diesen sind aber wiederum solche im Vorteil, die ihr Los endgültig bezahlt haben und sich in das „Register der Landwirte, Viehzüchter usw." eintragen lassen, das auf brasilianisch heißt:

„Registro de Lavradores, Criadores e Profissionaes de Industrias Connexas"

und im Landwirtschafts-Ministerium zu Rio de Janeiro liegt.

Kein Kolonist, der es kann, sollte diese Eintragung versäumen, da sie auch noch andere Vorteile mit sich bringt, z. B. Zollnachlaß bei Maschinen-Einfuhr.

Eventuelle Rückbeförderung.

Bei Anwesenheit von weniger als zwei Jahren auf der Kolonie werden auf Wunsch frei nach Rio de Janeiro oder einem näher liegenden Hafen zurückbefördert:

1. Witwen und Waisen,
2. Arbeitsunfähig gewordene mit Familie, wenn sie keine andere Unterstützung haben.

BESONDERE RATSCHLÄGE FÜR LANDBAUER.

Ehe der neue Kolonist seine Arbeit auf dem ihm gehörigen Lose beginnt, möge er folgendes beherzigen:

1. Lasse Dich nicht entmutigen durch die ersten Schwierigkeiten bei der noch unbekannten Tätigkeit des Rodens von Urwald. Man gewöhnt sich daran und nur der Anfang ist über die Maßen schwer.
2. Pflanze nicht nur eine einzige Sorte oder solche, die erst nach Jahren Früchte tragen.
3. Pflanze zunächst nur für den eigenen Unterhalt.
4. Pflanze nichts für den Weiterverkauf, ohne zu wissen, wo und zu welchem Preise es verkauft werden kann oder welche Aussichten dafür vorhanden sind.
   Die Beratungsstellen können darüber Auskunft geben.

5. Führe immer Buch über Ausgaben und Einnahmen.
6. Wo irgend ein Zweifel auftaucht, frage erfahrene und vertrauenswerte Nachbarn, oder die deutschen Beratungsstellen, deren Adressen dieses Buch enthält. Auch an das Landwirtschaftsministerium in Rio de Janeiro, Abteilung: „Direcção do Povoamento do Solo" (Direktion der Landbevölkerung) kann auf Deutsch geschrieben werden.

Im Ministerio da Agricultura, Industria e Commercio, Rio de Janeiro, Praia Vermelha gibt es eine Abteilung, die sich nennt:

„Servico de Informações" (Informationsdienst)

sie hat unter anderem den Zweck, nützliche Bücher, Schriften und Flugblätter für Landwirtschaft, Industrie und Handel in Brasilien zu erwerben, herauszugeben und — meistens gratis — zu verteilen.

Von dieser Stelle wird die am Schlusse dieses Büchleins angeheftete praktische Tabelle jedem, der sie haben will, gegeben, und zwar in portugiesischer Sprache. Da sie besonders hohen Wert für den Neuling hat, wurde sie ins Deutsche von uns übertragen.

Sobald der deutsche Einwanderer portugiesisch lesen kann, hat er den Vorteil von dem genannten Informationsdienst noch viele andere wertvolle Schriften mit Erfolg benutzen zu können. Wir erwähnen davon folgende Spezialwerkchen über:

Pflanzung	von	Kartoffeln	Pflanzung	von	Apfelsinen
„	„	Kakao	„	„	Eucalyptus
„	„	Kokos	„	„	Viehfutter
„	„	Manioka	„	„	Obst
„	„	Getreide	„	„	Ölpalmen
„	„	Zuckerrohr	„	„	Mais, Reis,
„	„	Mammona	„	„	Bohnen,

sowie wertvolle Auskünfte über die Holzarten Brasiliens, über Schweinezucht und anderes mehr.

Also, Einwanderer, lernt die Landessprache!

VERSCHIEDENES.

Gewichte und Maße.

Trotzdem in Brasilien schon seit langer Zeit das metrische Maß-System eingerichtet ist, gelten außerdem im Lande von altersher noch einige Maß-Einheiten, die man kennen muß, um vor Irrtum, unter Umständen Betrug, bewahrt zu bleiben.

Diese Maße sind sogar in einigen wenigen Fällen — trotzdem dasselbe Wort verwendet wird — von verschiedener Bedeutung, je nachdem an welchem Orte sich der Einwanderer befindet. Es ist also Vorsicht am Platze! Die wichtigsten sind die folgenden:

Gewichte.

Quintal (sprich: Kintál)	58—60 kg
Arróba	15 kg
Libra	458 g
Onça (sprich: ongssa)	23,7 g
Oitava	3,6 g

Außerdem gibt es noch eine „tonelada" (deutsch: Tonne) von 793 kg und eine gleichnamige, nach dem metrischen System von 1000 kg. Acht geben!

Längenmaße.

Legua (sprich: Lägua)	6 bis 6,2 km
Braça (sprich: Brássa)	2,2 m
Vara	1,1 m
Palmo	22 cm

Landmaße.

Alqueire (sprich: Alkeere) ..... 4,84 ha
(Im Staate Minas Geraes und Rio de Janeiro)
Alqueire .... 2,42 ha
(Im Staate São Paulo)
Geira (sprich: jeera das „j" wie Janeiro) 19,4 Ar

Inhaltsmaße.

a) für Flüssigkeiten:

Tonél	840 l
Pipa	420 bis 480 l
Almúde (sehr verschieden)	4 bis 32 l
Canáda	2,66 l

b) für Getreide etc.

Fanga	145,1 l
Alqueire (spr.: Alkeere)	36,3 l
Quarta	9,1 l

Es gibt noch mehr alte Maße, die aber weniger gebräuchlich sind.

Brasilianisches Geld.

Dieselbe Rolle ungefähr, welche in Deutschland früher die „Mark" spielte, hat in Brasilien der

„Milreis"

meist kurz „mil" genannt.

Auf deutsch heißt wörtlich Mil = Tausend und reis = Reale. Ein Real ist aber ein Geldwert, so klein, daß er einzeln nicht existiert. In den großen Städten sind alle Kauf- und Verkaufspreise mindestens auf 100 Reis abgerundet. Diese Summe hat ungefähr denselben Gebrauch, wie früher der deutsche „Groschen" und heißt allgemein: „Tostão" (spr.: tostáng). An Nickelgeld gibt es neuerdings 50 Reis und 20 Reis.

Hauptsächlich im Innern des Landes hat man noch Kupfermünzen von 40 Reis, 20 Reis und seltener 10 Reis in Gebrauch. Für 20 Reis ist der Ausdruck: „Vintem" (sprich: winteng) allgemein gebräuchlich.

Verkaufspreise werden fast alle in Milreis gegeben. Man sagt z. B. es kostet „sechs Mil fünfhundert" anstatt zu sagen „sechs Mil fünfhundert Reis".

Der Betrag von Tausend Milreis hat wieder einen besonderen Namen: „Ein Conto de reis" oder kurz „ein Conto" z. B. anstatt „zweitausend fünfhundert Milreis" heißt es kurz „zwei Conto fünfhundert Mil" oder noch kürzer „zwei Conto fünfhundert".

Man druckt und schreibt das Geld wie folgt:

100 Reis	Rs	$ 100
1 Milreis	Rs	1 $ 000
1 Conto de Reis	Rs	1 000 $ 000

Wert des deutschen Geldes.

Nachdem die Papiermark keine Rolle mehr spielt, seien die folgenden Ausführungen auf Goldmark gegründet.

Eine Goldmark galt vor dem Kriege lange Zeit weniger als ein Milreis, heute (April 1924) gilt sie mehr als zwei Milreis, d. h. der brasilianische Geldkurs steht zur Zeit sehr viel niedriger als vor dem Kriege. Bei der Entwickelung des Landes besteht Wahrscheinlichkeit, daß er, wenn auch vielleicht langsam, steigen wird.

Wenn dieser Fall eintritt, ist er für den Einwanderer ungünstig, denn er bekommt weniger Milreis für seine Goldmark, während die Lebenshaltungskosten sich kaum ändern. Deshalb muß der Auswanderer sich vor der Abfahrt in Europa erkundigen, wieviel Milreis er für seine Mark voraussichtlich bekommt, damit er sich einen Begriff davon machen kann, was sein Vermögen in Brasilien bedeutet.

Dazu diene ihm noch folgendes:

Mit einem Milreis kann man hier a u f d e m L a n d e ungefähr soviel kaufen, wie v o r dem Kriege in Deutschland für 35 bis 50 Pfennige, wobei die hohe Zahl mehr für Nationalprodukte, die niedrigere mehr für importierte Artikel gilt.

In den Städten, besonders aber in Rio de Janairo ist alles, u. U. erheblich, teurer.

Um ein Beispiel zu geben:

1. Ein neuangekommener Arbeiter möge in Rio de Janeiro eine Stelle finden mit 12 Milreis Tagelohn. Dann würde dies heute einem Vorkriegstagelohn von etwa 5 Goldmark entsprechen.

2. Der Auswanderer besitze ein kleines Kapital von, sagen wir, 1000 Goldmark. Hierfür bekommt er heute (April 1924) beim Wechseln 2200 Milreis. Dafür kann er sich soviel kaufen, wie in Deutschland vor dem Kriege, für 700 bis 1000 Mk. Die Goldmark hat also, infolge des jetzigen niedrigen Milreiskurses, fast ihren deutschen Vorkriegskaufwert in Brasilien.

Ob der Auswanderer sich sein Geld hier oder schon bei der Abfahrt drüben umwechseln lassen soll, ist schwer zu raten. Am sichersten geht er noch, wenn er die Hälfte gleich drüben im europäischen Hafen in Milreis oder in Goldmünzen (irgend eines Landes) umwechselt, den Rest aber erst nach seiner Ankunft in Rio de Janeiro oder erst dann, wenn er sein Geld braucht.

Post und Telegraph (April 1924).

Telegraph:

Telegramme von Brasilien nach Deutschland kosten in chiffrierter Sprache ca. 5 $ 000 das Wort, in offener Sprache bei Nachtbeförderung (telegramma preterido) die Hälfte. Telegramme in Brasilien per Wort 200—600 Rs. je nach der Entfernung.

Post:

	Inland	Ausland
Briefe 20 gr	200 Rs.	400 Rs.
weitere 20 gr	100 „	200 „
Karten	100 „	200 „
für Einschreiben mehr	300 „	400 „
Drucksachen per 50 gr	20 „	80 „
Zeitungen per 50 gr	10 „	80 „
Muster per 100 gr	200 „	320 „
weitere 50 gr	100 „	80 „

Geldbeförderung per Post.

Per Postscheck:

für Rs 1 $ 000 bis Rs 5 $ 000	Rs — $ 100
„ Rs 5 $ 000 bis Rs 10 $ 000	Rs — $ 200
„ Rs 10 $ 000 bis Rs 20 $ 000	Rs — $ 300

Per Postanweisung:

für	Rs 25 $ 000	Rs — $ 300
„	Rs 50 $ 000	Rs — $ 600
„	Rs 100 $ 000	Rs 1 $ 000
„	Rs 150 $ 000	Rs 1 $ 500
„	Rs 200 $ 000	Rs 2 $ 000

und so fort bis 1000 Milreis oder 1 Conto de reis.

Geldsendungen nach Deutschland.

Am besten schickt man Geld durch eine deutsche Bank in Rio de Janeiro, São Paulo, Santos, Porto Alegre oder Bahia, der man die Summe mittels einer Postanweisung unter genauer Angabe der Adresse in Deutschland schickt. Der von der Bank für die Überweisung nach Deutschland erhobene Betrag ist gering und wird von der überwiesenen Summe abgezogen.

Falls nähere Auskunft darüber gebraucht wird, wende man sich an die Beratungsstelle!

Ministerium für Landwirtschaft, Industrie und Handel
Rio de Janeiro

Pflanzung	Entfernung zwischen Gruben und Furchen, in Metern	Menge des *gut ausgesu* Samens für den
Reis	0,2 × 0,5	80 liter oder 45—5
Baumwolle	1,0 × 1,0	25 kilo
Mandel-Bohne (Amendoim) spr.: Amendoing	0,6 × 0,6	100—150 liter ohne
Ananas (Abacaxi) spr.: Abakaschí	0,5 × 1,0	20 000 Setzling
Heu (Alfafa)	**Wurf**	20—25 kilo
Kartoffel (Batata ingleza)	0,3 × 0,3	1000 kilo
Süße Kartoffel (Batata doce) spr.: dosse	0,4 × 0,4	Verbreitet sich se
Banane	4,0 × 4,0	625 Stecklinge
Vanille	1,2 × 1,5	5556 Stuckehen
Zuckerrohr	0,5 × 1,0	6000 kilo Rohrspit
Kakao	4,0 × 4,0 und 3,0 × 3,0	625—1111 Setzlin

Dienst für Prakt

— Führer des Landw

— 2. Au

(Ins Deutsche übertrage

rer soll vor Anlage der Pflanzungen benutzt werden. Er wird auf Wunsch des Pflanzer
efähr weiß, wie viel er in seinen Pflanzungen ausgeben und gewinnen wir

N. B. Ein Hektar hat 10 000 Quadratmeten stellt also ein Quadra

Pflanz-Zeit		Zeit der Ernte	Ertrag per l (Mittelwe
Im Norden Brasiliens	Im Süden Brasiliens		
Jan.—März	Sept.—Dez.	Ungefähr nach 4 Monaten	3500 liter (175
Dez.—Jan.	Sept.—Dez.	Als Busch 4, als Baum 8 Monate	Roh 1200, gereinig
Von Jan. an	Sept.—Okt.	Etwa nach 4 Monaten	3000 liter oder 2
Von Jan. an	April—Juli	Nach 18—20 Monaten	15—20 000 Frü
Von Jan. an	März	Nach etwa 8 Monaten	12 000 kilo im
Von Jan. an	Sept.—Nov. Febr.—März	Nach etwa 3—4 Monaten	9000 kilo
Von Jan. an	Von Okt. an	Nach etwa 3—4 Monaten	10 000 kil
Von Jan. an	Mai—Juni	Nach 12—18 Monaten	Im ersten Jahre ei per Stock, dann 3
Von Jan. an	Aug. — Sept.	Von 3 Jahre an	220 kilo fertige
Von Jan. an	Sept.—Dez.	Nach 12 Monaten	90 000 kil
Jan.—März	Von März an	Nach 5 Jahren im Mai	750 kilo

tischen Landbau

virtes in Brasilien —

ıflage —

en von *Dr. H. Hinden*)

rs gratis gegeben, ebenso wie die Sämereien, welche der „Dienst" liefert. — Der Landw
rd, ist wie blind, geht aufs Ungewisse und bleibt eben deshalb immer in Not

ıt von 100 m Seitenlänge dar. Er enthält 2066 Quadrat-Braças.

Hektar ert)	Unkosten für den Hektar (wechselt mit dem Ort)	Reingewinn wechselt nach Ort, Wetter und Behandlung der Pflanzen	
0 kilo)	138$000 bis zum Lager 200$000 bis zur Station	450$000	
gt 375 kilo	145$000 mit Verpackung	360$000	Baum
2400 kilo	77$000	103$000	
ichte	725$000	775$000	
ı Jahr	650$000 bis zum Markt	2:600$000	
	550$000 bis zum Markt	620$000	In Neu
lo	Sehr verschieden	Sehr verschieden	
ine Traube 3 Trauben	600$000 bis zur ersten Frucht	500$000 im ersten Jahr	
Vanille	Sehr verschieden	Sehr verschieden	
lo	430$000 bis zur Station	210$000	Zucke
	530$000 bis zur Frucht	Schwer zu berechnen	

Bemerkungen.

kilo Baumwollsamen geben ungefähr 12 kilo Öl, 70 kilo Viehfutter (Ölkuchen) und 2 kilo Watte.
eter Baumwoll-Anzugstoff braucht 100—180 gr gereinigte Baumwolle.
" " -Hemdenstoff " 70—120 " " " (0,7—0,8 m breit).

taat Rio de Janeiro, gibt es Ernten von 18 000 kilo, was selten ist.

rd gemessen nach großen (1500 kilo) und kleinen (1000 kilo) Fuhren. 1000 kilo Rohr
en etwa 530 liter Saft, daraus 53 liter Melado (eingekochter Saft), und 60—80 kilo Zucker.
it einfachen Vorrichtungen in kleinen Betrieben.) 1000 kilo Rohr geben 80 liter Brannt-
in von 22° und 40 liter Alcohol von 42°. Moderne Maschinen ergeben höhere Beträge,
um die Hälfte mehr.

Kaffee	4,0 × 4,0	10—12 Liter Kaffee mit im Schatten getrockne 20 Tagen
Zwiebel	0,1 × 0,3	1 liter und davon Set
Grünfutter: Capim gordura Capim jaraguá spr.:Kaping	Wurf "	26 kilo "
Kokospalme	10,0 × 10,0	100 Setzlinge
Bohnen (schwarze)	0,3 × 0,3	80 liter = 64 kil
Tabak	1,0 × 1,0	0,2—0,5 kilo, damit w 10 000 Setzlinge erze
Apfelsine	4,0 × 4,0	625 veredelte Setzli
Mais	0,5 × 1,0	20 liter = 16 kil
Mandioka	1,0 × 1,0	1000 kilo Setzling
Wassermelone	5,0 × 5,0 und 6,0 × 6,0	8 liter
Ricinuspflanze (Mammona)	2,0 × 2,0 und 1,5 × 1,5	30 liter = 15 kil
Getreide	Wurf	200 liter = 140 ki
Weintraube	2,0 × 2,0 und 1,8 × 1,8	2500 Stecklinge

Der Zweck dieses Führers, der leic
gerechnet. Wenn sie diese Tabelle sehen, sollen s

1) Nichts zum Weiterverk
2) Nichts für den Handel
3) Landwirtschaft und Vi

Rio de Janeiro, 31. Dezember 1918

Jan.—März	Von März an	Nach 5 Jahren im Mai	Per Stock 0,5— im Ganzen 300—1
März säen ai pflanzen	April säen Juni pflanzen	Nach 5 Monaten	7500 kilo
on Jan. an " " "	Von Aug. an " " "	Nach 5 Monaten " " "	19 000 kil " "
on Jan. an	Aug.—April	Nach 5—6 Jahren	25—30 Nüsse pe
Jan.—März	Sept.—Nov., besser Febr.—März	Nach 4 Monaten	1600 kil
März säen ai pflanzen	Okt.—Nov. säen Dez.—März pfla.	Nach 5—6 Monaten	720—900 kilo g 1800 kilo im
on Jan. an	Von April an	Nach 5 Jahren	200—1000 Früchte
on Dez. an	Von Aug. an	Nach 5 Monaten	2400 kil
on Jan. an	Von Aug. an	Nach 12 Monaten	3000 kilo M
on Jan. an	Von Aug. an	Nach 5—6 Monaten	1000 Melon
Jan.—März	Von Aug. an	Nach 5—6 Monaten	8—10 000 kilo rei
Jan.—Febr.	Mai—Juli—Aug.	Nach 5—6 Monaten	7—800 und me
Jan.—März	Juli—Aug.	Nach 4 Jahren	10 000 kilo Tra 10 000 liter

r Hand sein kann, ist: Die Landwirte an Einheitlichkeit in ihrer Arbeit zu gewöhnen in Be
n denken, daß die Landwirtschaft zum Geldverdienen da ist. Deshalb wiederholer

, ohne zu wissen, wer es kauft und für wie viel.	4
er ziehen, ohne zu wissen, wie viel man ausgibt und verdient.	5
beste pflegen, aber noch besser das eigene Interesse wahren.	6

N. B. Mit der Zeit, die alles umwälzt, wird auch dieser Führe

1,5 kilo, 1000 kilo	290$000 bis zur Frucht, von da 240$000 pro Jahr	312$000 (Preis schwankt sehr)	Wird
)	550$000 bis zum Markt	700$000	
lo	50$000 bis zum Freßbaren " " " "	Genügt für 1½ Stück Vieh " " " " " (bei gutem Boden)	Unbe Rio d Gewic
er Stock	250$000 bis zur Frucht	400$000	
o	92$000 bis zum Lager	140$000	
;ewickelt Blatt	400$000	800$000 gewickelt 400–900$000 im Blatt	
: per Stock	450$000	1:700$000	
o	95$000 bis zum Lager	130$000	
Aehl	280$000 im Sack	280$000	1000
ıen	130$000 bis zum Markt	170$000	
ner Samen	Sehr verschieden	Sehr verschieden	Die k
ehr kilo	200$000	200$000	Fast
uben und Wein	Trauben 1:860$000 Wein 3:720$000	2:940$000 für Trauben 1:780$000 für Wein	Wein

ezug auf Menge und Entfernung der Pflanzen per Hektar, auf Zeit der Pflanzung und de
n wir hier unsere Ratschläge:

4) Immer Buchführen, um Einnahme und Ausgabe zu kennen.
5) Die brasilianische Landwirtschaft erlernen mit der Absicht, leicht und billig zu produziere
6) Bei Verwendung von Maschinen nur die beste kaufen, denn sie ist die vorteilhafteste

r in dem einen oder andern Punkte geändert werden.

tzlingen gepflanzt, ist aber teurer und nicht so gut.

dig zu pflanzen für größere Viehmengen. Fast alle Milch, Butter, Käse und Fleisch für rd damit erzeugt. Ein Ochse damit ernährt, gibt, gut behandelt 70% statt 50% seines sch. Roter „Gordura" ist der beste Capim.

wurzel geben 250 kilo Mehl oder 200 kilo Feinmehl (polvilho), evtl. 120 liter Branntwein.

gibt mehr Öl. In São Paulo gehen auf 1 Hektar 1650 Stöcke.

n, wo die Pflanzungen sehr zunehmen.

Rio Grande do Sul hergestellt.

Ertrag, Ausgaben und Gewinn, immer per Hektar

verkaufen.

Dias Martins
Director
SERVIÇO DE AGRICULTURA PRATICA
Rio de Janeiro, Praia da Saudade

FSC
www.fsc.org
MIX
Papier | Fördert gute Waldnutzung
FSC® C083411

Zeitfracht Medien GmbH
Ferdinand-Jühlke-Straße 7
99095 Erfurt, Deutschland
produktsicherheit@kolibri360.de